IL ÉTAIT SEPT FOIS LA RÉVOLUTION

ALBERT EINSTEIN ET LES AUTRES…

DU MÊME AUTEUR

Conversations avec le sphinx : les paradoxes en physique, Paris, Albin Michel, coll. « Sciences d'aujourd'hui », 1991 ; Le Livre de Poche, 1994.

La Quête de l'unité : l'aventure de la physique, avec M. Lachièze-Rey, Paris, Albin Michel, coll. « Sciences d'aujourd'hui », 1996 ; Le Livre de Poche, 2000.

Le Temps et sa flèche, avec M. Spiro (dir.), Paris, Flammarion, coll. « Champs », 1996.

L'Atome au pied du mur et autres nouvelles, Paris, Le Pommier, coll. « Romans & plus », 2000.

L'Unité de la physique, Paris, PUF, coll. « Science, histoire et société », 2000.

Moi, U235, atome radioactif, Paris, Flammarion, 2001.

Le temps existe-t-il ? Paris, Le Pommier, coll. « Les petites pommes du savoir », 2002.

La science nous menace-t-elle ? Paris, Le Pommier, coll. « Les petites pommes du savoir », 2003.

Les Tactiques de Chronos, Paris, Flammarion, 2003 (prix « La science se livre », 2004) ; Flammarion, coll. « Champs », 2004.

Petit voyage dans le monde des quanta, Paris, Flammarion, coll. « Champs », 2004 (prix Jean Rostand, 2004).

Étienne Klein

IL ÉTAIT SEPT FOIS LA RÉVOLUTION

ALBERT EINSTEIN ET LES AUTRES...

FLAMMARION

ISBN : 2-08-210343-9

À la mémoire de Christian Gauthereau, physicien inventif, qui disparut tragiquement en 1988, à trente et un ans, au même âge qu'Ettore Majorana.

INTRODUCTION

Tout livre, même s'il est écrit avec une honnêteté totale, peut toujours être tenu, d'un certain point de vue, comme sans valeur aucune. Et ce, parce qu'en réalité nul n'a besoin d'écrire un livre, étant donné qu'il y a bien d'autres choses à faire dans le monde.

Ludwig Wittgenstein

Certaines révolutions sont lentes et ne font pas couler de sang. Au cours des années 1920, la physique a connu une telle révolution, un bouleversement pacifique qui a concerné le seul monde des idées : les physiciens ont alors compris que les atomes, ces petits grains de matière découverts quelques années plus tôt, ne sont pas des objets ordinaires. Leur comportement n'obéissant pas aux lois de la physique habituelle, il a fallu en mettre au jour de nouvelles. Cette entreprise a obligé les scientifiques à abandonner, parfois dans la douleur, souvent dans l'ivresse, quelques-uns des principes les mieux ancrés de la physique classique. D'illustres credos se virent alors contestés pour la première fois. En l'espace de quelques années, le monde est devenu méconnaissable. Et les physiciens ont dû inventer une nouvelle physique, la physique quantique, celle de l'infiniment petit.

Que savait-on de la constitution de la matière au lendemain de la Première Guerre mondiale ? Les physiciens connaissaient en tout et pour tout deux particules : l'électron, dont la découverte en 1897 est attribuée à Joseph Thomson, et le proton, découvert en 1911 par Ernest Rutherford. Ils connaissaient aussi le grain de lumière, le photon, « inventé » par Albert Einstein en 1905 et dont l'existence fut prouvée expérimentalement par Arthur Compton, en 1923. Ils savaient en outre que tous les corps matériels, inertes ou vivants, solides, liquides ou gazeux, sont constitués d'atomes, comme certains Grecs en avaient eu l'intuition, voilà plus de deux millénaires. Mais la preuve définitive de l'existence de ces briques de matière, ils l'avaient eue peu de temps auparavant.

Car à la fin du XIXe siècle, l'atome était encore objet de polémiques : ceux qui y croyaient s'opposaient violemment à ceux qui n'y croyaient pas. Les plus sceptiques accusaient l'atome de n'être qu'une idéalité métaphysique, une fantasmagorie oiseuse. La question de sa réalité physique ne fut vraiment tranchée qu'en 1906, à Paris, grâce à une expérience menée par un savant français portant la barbichette, Jean Perrin, à propos d'un phénomène en apparence insignifiant : le mouvement brownien.

Ce terme désigne la valse incessante des particules qui s'agitent dans un fluide : si l'on verse des grains de pollen dans une goutte d'eau, on observe au microscope que ces grains décrivent des trajectoires folles, apparemment guidées par le seul hasard. Mais un an plus tôt, Albert Einstein avait émis l'hypothèse que les mouvements désordonnés de ces grains, loin d'être de simples caprices, reflètent un ordre sous-jacent : ce qui les détermine secrètement, c'est l'agitation des molécules d'eau qui ne cessent de heurter les grains de pollen, les obligeant à changer sans cesse de direction. L'expérience de Jean Perrin confirma les prédictions d'Einstein. La réalité des molécules, donc des atomes, encore contestée au tout début du XXe siècle, fut ainsi définitivement établie. L'atome devenait un objet que la physique pouvait saisir.

Dans un premier temps, entre 1906 et 1911, la conception scientifique de l'atome put demeurer à peu près conforme au discours des Anciens : il s'agissait d'entités élémentaires, indivisibles et immuables. Mais on s'aperçut très vite que cette vision était beaucoup trop naïve, que l'atome était un univers en soi, très différent de l'idée que les Grecs s'en faisaient. En l'espace de quelques années, plusieurs découvertes retentissantes vinrent ruiner les bases du matérialisme hérité de l'atomisme de Démocrite et de la mécanique de Newton : la matière ne pouvait plus être considérée comme une collection de corpuscules s'entrechoquant à la façon de boules de billard.

Il apparut d'abord, grâce aux travaux d'Ernest Rutherford, que l'atome n'est pas insécable – il échappe ainsi à son étymologie [1]. C'est un édifice composite, constitué d'un noyau très dense, 200 000 milliards de fois plus dense que l'eau liquide, autour duquel s'agitent des électrons. Il n'a pas la forme d'une boule, mais on peut lui attribuer une espèce de diamètre correspondant aux dimensions de la trajectoire des électrons qu'il contient. Ce diamètre vaut environ un dixième de milliardième de mètre. Le noyau, lui, est 100 000 fois plus petit que

1. Rappelons que le grec *atomos* signifie « qui ne peut pas être coupé ».

l'atome. Qu'y a-t-il donc entre le noyau et les électrons ? Du vide, rien que du vide, rien que de l'espace. Mais s'il y a du vide au sein même de l'atome, c'est que l'atome n'est pas plein, contrairement à la représentation des Anciens.

Ensuite, les atomes ne sont ni indivisibles ni indestructibles. On peut les tailler en pièces, au sens propre du terme. Par exemple, en les chauffant ou en les éclairant, on peut leur arracher un ou plusieurs électrons. Au terme de cet épluchage périphérique, les atomes deviennent des « ions », porteurs d'une charge électrique.

Enfin, les travaux d'Henri Becquerel et de Marie Curie, menés à la toute fin du XIXe siècle, ont établi que si la plupart des atomes qu'on trouve sur Terre sont immortels (laissés à eux-mêmes, ils conserveront toujours leur intégrité), d'autres ne le sont pas. Ce sont les atomes « radioactifs » : un jour vient où ils se transforment en d'autres atomes, en émettant divers rayonnements. Ils changent alors de personnalité nucléaire et de costume chimique.

Pour comprendre tous ces phénomènes et les intégrer dans une théorie cohérente, une physique révolutionnaire fut donc nécessaire : la physique quantique. Des concepts radicalement neufs furent inventés, qui conduisirent les physiciens à penser autrement la matière. Une décennie d'effervescence créatrice, d'audace, de tourments et surtout d'intense labeur a suffi à un petit nombre d'entre eux, tous jeunes, européens, pour fonder l'une des plus belles constructions intellectuelles de tous les temps. Ces hommes originaux, déterminés, attachants, pathétiques parfois, ont affronté des problèmes entièrement nouveaux, résolu ce qu'on est en droit d'appeler de véritables énigmes. Ils ont en commun d'avoir été, chacun à sa façon, des génies, d'avoir flirté avec le prix Nobel ou de l'avoir reçu, et surtout d'avoir contribué à faire des années 1925-1935 la décennie miraculeuse de la physique.

Dispersés aux quatre coins de l'Europe, à Cambridge, Copenhague, Göttingen, Vienne, Zurich ou Rome, ils se connaissaient bien, se rencontraient régulièrement, notamment à Bruxelles, aux congrès Solvay financés et organisés par un industriel belge qui avait fait fortune dans l'industrie chimique [1]. Ils s'écrivaient souvent, formaient un petit réseau, terriblement efficace. Leurs travaux se faisaient écho, suscitant l'admiration des uns, la critique des autres, jusqu'à ce qu'ils constituent un édifice formel cohérent. Mais pour devenir opératoire, cet édifice théorique exigeait aussi un travail d'interprétation, qu'ils eurent les pires difficultés à mener à bien. Des questions inédites se posaient : comment comprendre le formalisme ? Selon quelles règles utiliser ces concepts ? Quel statut conférer au hasard qui intervient dans la détermination des résultats ? Quels types de discours sur la réalité la physique quantique autorise-t-elle ?

1. Au cours du printemps 1910, Walther Nernst, professeur de chimie physique à l'université de Berlin, rencontra Ernest Solvay, un industriel belge qui avait mis au point un procédé de fabrication du carbonate de sodium. Connaissant son intérêt pour la science, Nernst proposa à Solvay d'organiser et de financer une conférence internationale sur « la nouvelle physique ». Celui-ci accepta. Le premier congrès Solvay eut lieu dans les murs de l'hôtel Métropole de Bruxelles, à la fin octobre 1911. Il rassembla trente-deux physiciens de premier plan, dont Albert Einstein, Max Planck, Jean Perrin, Ernest Rutherford et Henri Poincaré, et une seule physicienne, Marie Curie. Lors des éditions suivantes, les participants, qui ne furent jamais plus de quarante, posèrent sagement pour la postérité, comme les enfants le font pour la photo de classe autour de leur institutrice.

Pareil bouillonnement intellectuel demeure unique dans l'histoire de la physique, et le demeurera sans doute, tant les modalités de travail et certaines des interrogations appartiennent à cette époque. Les pères fondateurs de la physique quantique avaient lu les grands philosophes, allant jusqu'à puiser dans leurs œuvres une part de leur inspiration. Pris par une sorte de fièvre collective, ils pensèrent et travaillèrent avec acharnement, mais sans moyens, car c'est à la main ou à la règle qu'ils faisaient leurs calculs, par lettres ou cartes postales qu'ils correspondaient, en bateau qu'ils traversaient les océans, en train qu'ils parcouraient l'Europe.

C'est à quelques-uns de ces hommes remarquables, créateurs d'une « poësie sophistiquée [1] », que ce livre souhaite rendre hommage. Ces conquérants du minuscule ont pour noms George Gamow, Albert Einstein, Paul Dirac, Ettore Majorana, Wolfgang Pauli, Paul Ehrenfest et Erwin Schrödinger. Car nous avons choisi de nous consacrer à des physiciens théoriciens peu connus du public, ou à ceux qui, trop connus, finissent par l'être mal. Sept hommes singuliers, sept scientifiques d'exception.

George Gamow, joyeux drille d'origine russe, fut l'un des grands précurseurs de la physique nucléaire et de l'actuelle théorie du big bang, mais aussi un auteur prolifique, un vulgarisateur sans équivalent. Albert Einstein, nous l'imaginons volontiers travaillant dans l'abstraction pure, isolé, exclusivement attaché à repenser les fondements mêmes de la physique, mais eût-il inventé la relativité s'il n'avait été ingénieur au Bureau fédéral de la propriété intellectuelle de Berne ? Paul Dirac, physicien

1. Pour reprendre une belle expression de Montaigne (*Essais*, livre II, chap. XII, édition Villey-Saunier, PUF, 1965, p. 537).

britannique, réputé pour son laconisme et épris de beauté mathématique, écrivit en 1928 l'équation qui lui permit de prédire l'existence de l'antimatière. Issu d'une prestigieuse famille sicilienne, Ettore Majorana proposa une théorie des particules élémentaires qui, soixante-dix ans plus tard, continue de fasciner et d'interroger les physiciens ; il disparut mystérieusement à l'âge de trente et un ans sans qu'on retrouve jamais trace de lui. Le Viennois Wolfgang Pauli réalisa des travaux prophétiques et envisagea l'existence d'une nouvelle particule, le neutrino, qui fut avérée vingt-cinq ans plus tard ; parallèlement à son activité universitaire, il entreprit une analyse et, durant trente ans, explora la physique par d'autres moyens, en interprétant ses rêves avec Carl Gustav Jung. Paul Ehrenfest, le plus proche ami d'Albert Einstein, apporta des contributions majeures en thermodynamique et excella à créer des liens entre les plus grands physiciens, à provoquer des rencontres, mais son sens critique et son tempérament mélancolique le poussèrent au suicide. L'Autrichien Erwin Schrödinger ne fut pas seulement le plus philosophe de tous, il fut aussi un grand amoureux, un homme inspiré par les femmes qui conçut, lors d'une escapade dans les Grisons avec une jeune maîtresse, l'équation pilotant le comportement des électrons au sein des atomes.

Évoquer de tels hommes implique d'en croiser d'autres, des figures majeures avec lesquelles nos physiciens entretenaient des relations suivies, ou qui furent des rencontres déterminantes : Niels Bohr, Werner Heisenberg, Enrico Fermi, Max Born, Louis de Broglie et Arnold Sommerfeld, pour ne citer que les principaux.

Nous nous intéresserons bien sûr aux découvertes de ces physiciens et à leurs théories, mais pas seulement. Car la boussole intérieure de ces hommes, leurs penchants personnels ont aussi marqué profondément leur trajectoire scientifique. Tout processus d'invention puise également dans l'imaginaire, s'appuie sur l'intuition, sur des métaphores ou des analogies qui constituent, en parallèle des concepts et des énoncés, comme une « poétique » de la science en train de se faire. La courbure d'un tempérament, la force d'une conviction, l'obsession d'un questionnement peuvent porter une découverte, parfois même y conduire.

Albert Einstein, lui, n'aurait peut-être pas adhéré à cette démarche. En 1947, alors qu'il commençait, avec quelque réticence, à écrire une sorte d'autobiographie [1], il fit cette remarque : « L'essentiel dans l'existence d'un homme de mon espèce réside dans *ce* qu'il pense et *comment* il pense, non dans ce qu'il fait ou souffre [2]. » Comme si, en matière de science, la subjectivité devait toujours passer au second plan. Ne pas se dire, ne pas s'entendre. Il serait ainsi préférable de dissocier la pensée et la vie, autant que l'intelligible et le sensible, car il y aurait *ici* un esprit et *là* un corps… Mais « la cloison que les penseurs de tous ordres érigent contre les débordements de la vie n'a rien d'étanche [3] », comme le dit si justement Françoise Balibar.

La culture scientifique devient désirable si elle n'énonce pas seulement les principes, les équations, les résultats mais nous permet de saisir les passions singulières qui les ont voulus, pensés et créés.

1. Albert Einstein, *Autoportrait*, InterÉditions, 1980.

2. Albert Einstein, « Autobiographical Notes », dans Paul Arthur Schlipp (dir.), *Albert Einstein : Philosopher-Scientist*, The Library of Living Philosophers, Open Court, La Salle (Illinois), 1949, p. 33.

3. Françoise Balibar, « Vies de savants, vies brèves », *Critique*, août-septembre 1999, p. 758.

I

GEORGE GAMOW, JOYEUX PASSE-FRONTIÈRES

De frontières au ciel voyons-nous quelques
[traces ?
Sa voûte est-elle un mur, une borne, un milieu ?
Lamartine

Je préfère le vin d'ici à l'eau de là.
Pierre Dac

À la fin des années 1930, la physique théorique apparaissait de plus en plus comme une construction formelle surplombant le langage, en principe impossible à transmettre hors du petit cercle des initiés. Pourtant, un jeune physicien du nom de George Gamow (prononcer Gam-off) entreprit de présenter au public les acquis révolutionnaires de la physique quantique et de la relativité, sans jamais laisser le lyrisme déborder sur les terres de la raison. Non, voulut-il démontrer, toute bardée de mathématiques qu'elle est, la physique ne vise pas l'éradication des mots. Comme toutes les entreprises humaines, elle exige une narration passant par la langue de tous les jours, un processus de diffusion qui la transporte par-delà son cercle d'origine. Il y a même urgence à réveiller la Belle au bois dormant. Mais comment procéder ? En trouvant des astuces, des détours, des analogies permettant de verbaliser – de baliser par le verbe – l'étrangeté de ses concepts. Il ne s'agit pas de photographier la physique, mais de la traduire, de la *re*-transcrire. Le « truc » de Gamow ? Mettre en scène les concepts, jouer avec, les sortir de leur contexte, les faire évoluer à l'air libre, dans la vie de tous les jours, plutôt qu'essayer de les expliquer d'une façon lourdement, tristement didactique.

C'est ainsi que juste avant la Seconde Guerre mondiale, George Gamow, alors nouvellement installé aux États-Unis, se mit à rédiger d'une plume à la fois rigoureuse et alerte *Monsieur Tompkins au pays des merveilles* [1], livre qui connut d'emblée le succès. Employé d'une grande banque, le héros de ces nouvelles assiste à des conférences du soir prononcées par un professeur de physique. La nuit venue, ses rêves le transportent dans des mondes peu ordinaires : les constantes fondamentales de la physique y sont modifiées de sorte que des phénomènes physiques habituellement cachés dans la vie courante deviennent manifestes. Ainsi, la vitesse de la lumière y est beaucoup plus faible que sa vraie valeur, soit quelques dizaines de kilomètres par heure au lieu de 300 000 kilomètres par seconde ; les effets relativistes comme la contraction des longueurs, habituellement invisibles, deviennent perceptibles au premier cycliste venu ; plus il roule vite, plus la largeur des immeubles devant lesquels il passe lui semble diminuer ; même les piétons qu'il croise se contractent selon la direction de sa vitesse, jusqu'à devenir tout minces s'il pédale vraiment fort. Les initiales des prénoms de Monsieur Tompkins, C. G. H., annoncent la couleur puisqu'elles font

1. Dunod, 1999. La première édition en langue anglaise de cet ouvrage date de 1940 (*Mr Tompkins in Wonderland*, Cambridge University Press).

écho aux trois constantes universelles de la physique : *c*, la vitesse de la lumière ; G, la constante de la gravitation universelle ; et *h*, la constante de Planck.

En plus de *Monsieur Tompkins au pays des merveilles*, George Gamow trouva le temps d'écrire une vingtaine d'autres livres, enthousiastes et accessibles à tous, notamment *Trente années qui ébranlèrent la physique*, dans lequel il met en scène les grands physiciens de la première moitié du XXe siècle [1]. Ses livres sont dotés de qualités qu'on trouve rarement ensemble : clarté et rigueur de la narration, netteté de l'énonciation, nervosité des intrigues, usage prudent des métaphores. La plupart sont illustrés de dessins qu'il a lui-même réalisés. Certains sont des portraits de pères fondateurs de la physique quantique que Gamow a fréquentés (de Broglie, Planck, Bohr, Born, Pauli, Heisenberg, Fermi, Dirac), et pour lesquels il prétendit s'être inspiré du trait de Sandro Botticelli. Mais c'était sans doute mettre la barre un peu haut. Quand on les regarde, on sent davantage l'influence du… pop'art que celle du grand maître florentin : les dessins sont comme extraits d'une bande dessinée qui aurait perdu son organisation séquentielle et sa valeur narrative. Reste que les ouvrages populaires de Gamow ont enlevé à la physique sa chape d'ennui et de sérieux. Ils demeurent l'exemple d'un « gai savoir » au sens nietzschéen du terme, d'un savoir qui ne ramène pas le monde à soi mais en chante la plénitude et l'exubérance et qui, sans avarice intellectuelle, dit la luxuriance de la vie et des idées.

Mais c'est bien connu : le monde scientifique n'est pas

1. George Gamow, *Trente années qui ébranlèrent la physique. Histoire de la théorie quantique*, Éditions Jacques Gabay, Paris, 2001 (première édition anglaise : *Thirty Years that Shook Physics,* New York, Double Day and Company, Inc. Garden City, 1954 ; première édition française chez Dunod, traduction de Geneviève Guéron, 1968).

une bonne antenne émettrice. Il rechigne à rayonner. Les vulgarisateurs y sont donc souvent considérés comme des mâcheurs de sciences refroidies, des seconds couteaux qui arrivent toujours après la bataille.

George Gamow n'eut heureusement guère à souffrir de ce préjugé tenace : dans le petit monde de la physique, il fut très tôt reconnu comme un théoricien de première classe et se révéla même un authentique pionnier dans de nombreux secteurs de recherche. Changeant à plusieurs reprises de thématique, créant même de nouvelles disciplines, il se montra étonnamment inventif tout au long de sa vie. Car cet esprit aiguisé avait la topologie d'un couteau suisse : il était multifonctions.

Fils d'un professeur de lettres, George Gamow, plus exactement Georgi Antonovitch Gamow, naît le 4 mars 1904 en Ukraine, à Odessa, principal port de la mer Noire. Située entre deux fleuves, le Dniestr et le Dniepr, la ville ne tarde pas à devenir un foyer d'agitation révolutionnaire. En juin 1905, alors qu'un certain Albert Einstein vient juste de bouleverser les notions d'espace et de temps, une mutinerie éclate à bord d'un cuirassé de la flotte impériale russe amarré dans le port. Son nom ? *Potemkine*. Heureusement, le landau dévalant le grand escalier du port d'Odessa, lors de la grande fusillade, n'est pas celui du petit Georgi.

L'élève Gamow est doué et curieux. À l'âge de neuf ans, il se passionne une année entière pour la paléontologie, qui lui permet au moins, confiera-t-il plus tard, « de savoir distinguer un dinosaure d'un chat par la forme du petit orteil [1] ». Cet appétit de connaissances, cette boulimie même, ne le quittera jamais. Le jeune Gamow aime tant

1. George Gamow, *Trente années qui ébranlèrent la physique*, *op. cit.*, préface, p. VII.

découvrir, enquêter, juger par lui-même qu'il développe de façon précoce une aversion profonde pour les arguments d'autorité sous toutes leurs formes.

À l'âge de douze ans, il utilise le microscope offert par son père pour mettre à l'épreuve le dogme de l'eucharistie. Le pain devient-il chair ? Le vin devient-il sang ? Y a-t-il vraiment transsubstantiation, comme le proclame le dogme [1] ? Il existe sûrement un moyen d'en avoir le cœur net. Le jeune Gamow réfléchit à un protocole expérimental qui soit potentiellement décisif. Un beau matin, muni d'idées assez naïves sur ce que signifie l'eucharistie [2], il trempe un morceau de

1. En 1563, la déclaration du concile de Trente stipula que « par la consécration du pain et du vin s'opère le changement de toute la substance du pain en la substance du Corps du Christ, notre Seigneur, et de toute la substance du vin en la substance de son Sang ».

2. Le dogme postule en effet que le pain, tout en conservant les apparences et les propriétés physiques du pain, devient réellement le corps du Christ. De même, le vin, tout en conservant les caractéristiques du vin, est promu au rang de sang du Christ. Il implique donc une rupture exceptionnelle du lien entre la substance (qui change) et ses propriétés (qui ne changent pas). En d'autres mots, plus physiques, les « accidents » du pain se maintiennent sans que la substance du pain persiste. Si l'on s'en tenait à cette interprétation subtile, les résultats de l'expérience du jeune Gamow ne pourraient guère être utilisés comme contre-arguments. Mais on trouve dans le nouveau *Catéchisme de l'Église catholique* (Mame/Plon, 1992) une réaffirmation très stricte du dogme de l'eucharistie, qui peut sembler anachronique. On y lit en effet, dans l'article 1374 : « Dans le très Saint Sacrement de l'Eucharistie sont contenus vraiment, réellement et substantiellement le Corps et le Sang conjointement avec l'âme et la divinité de Notre Seigneur Jésus-Christ et, par conséquent, le Christ tout entier » ; dans l'article 1375 : « Ce n'est pas l'homme qui fait que les choses offertes deviennent Corps et Sang du Christ, mais le Christ lui-même. » On rappelle aussi dans cet article les paroles de saint Ambroise : « La force de la bénédiction l'emporte sur celle de la nature. »

pain dans du vin, puis saisit un couteau et prélève un petit morceau… de sa propre chair ! Ayant disposé chacun de ces éléments dans une soucoupe qu'il laisse dans la cuisine familiale, il se rend à la messe et y communie en s'arrangeant pour conserver dans sa bouche un peu du pain imbibé de vin que lui a tendu le prêtre. Il court ensuite à la maison pour y comparer les trois échantillons à l'aide de son microscope. Mais il ne constate aucune différence entre les deux morceaux de pain, ni de ressemblance entre eux et le morceau de chair. La résolution spatiale de son instrument ne lui permettant pas de distinguer les cellules sanguines, sa démonstration demeure incomplète mais elle suffit à le détourner de la religion [1]. Bien plus tard, un tel sens critique le poussera à rejeter l'orthodoxie marxiste et à fuir son propre pays.

En 1918, la ville d'Odessa est occupée par les Autrichiens, puis, quelques mois plus tard, par les alliés du général russe Anton Denikine qui soutiennent le mouvement contre-révolutionnaire, avant de passer définitivement sous le contrôle de l'Armée rouge en 1920. Ces troubles politiques n'empêchent pas Gamow de poursuivre de brillantes études scientifiques à l'université de sa ville natale, en astronomie, physique et mathématiques. C'est un géant jovial d'un mètre quatre-vingt-dix, à la voix forte, aux yeux aussi myopes qu'ils sont bleus, ce qui l'oblige à porter de grosses lunettes. Il est si ouvert, si vibrionnant qu'il discute avec tout le monde – faire tomber les barrières, les barrières de toutes sortes, voilà ce qui lui importe. Et très vite il acquiert la réputation

1. Cette anecdote est rapportée dans le livre de Walter Gratzer, *Eurekas and Euphorias. The Oxford Book of Scientific Anecdotes*, New York, Oxford University Press, 2002, p. 229.

d'être le seul physicien capable d'expliquer, de façon simple et enjouée, n'importe quel problème de physique. Ses camarades le perçoivent comme la superposition d'un farceur et d'un surdoué.

En 1924, quelques jours après la mort de Lénine, Gamow part pour Saint-Pétersbourg, qui vient tout juste d'être nommée Leningrad. Là, à l'université, il s'intéresse à la cosmologie relativiste sous la tutelle de son maître Alexandre Friedmann, fils d'un danseur et d'une pianiste et lui-même père des premiers modèles d'univers en expansion : Friedmann vient de publier son livre *L'Univers comme espace et temps*, dans lequel il décrit la variation temporelle de l'espace cosmique et entrevoit le possible commencement de l'univers dans une « singularité », sorte d'instant zéro inaugurant l'expansion.

Gamow va toutefois délaisser quelque temps ce domaine, d'une part parce que Friedmann a la mauvaise idée de mourir de maladie en septembre 1925 [1], d'autre part parce que cet esprit insatiable est violemment attiré par de toutes récentes découvertes : de nouvelles lois ont été établies qui décrivent le comportement de l'atome. Depuis quelques mois, des articles ouvrant des perspectives inédites arrivent à un rythme vertigineux à la bibliothèque de l'université : Satyendranāth Bose a écrit sur la statistique des photons (juillet 1924), Wolfgang Pauli sur le principe d'exclusion (janvier 1925), Werner Heisenberg sur la « mécanique des matrices » (juillet 1925), George Uhlenbeck et Samuel Goudsmit sur le spin de l'électron (octobre 1925), Erwin Schrödinger sur l'équa-

1. Une fièvre typhoïde selon certains historiens, une pneumonie contractée lors d'un vol en ballon en haute altitude selon Gamow lui-même (*My World Line : An Informal Autobiography*, New York, Viking Press, 1970, p. 27).

tion qui régit le comportement des particules quantiques (février 1926), enfin Max Born sur l'indéterminisme quantique (juillet 1926). Gamow les lit tous et avec gourmandise. Il comprend que ces hommes viennent de poser le pied sur un tout nouveau continent, et il veut en être. Il veut participer à l'exploration. Il se sent l'âme d'un pionnier.

Son premier article, publié à la fin de l'année 1926, Gamow le consacre à la toute neuve équation de Schrödinger, car il perçoit que sa signification n'est pas encore bien comprise. Il propose rien moins que d'interpréter la « fonction d'onde » comme l'équivalent d'une cinquième dimension, qu'il faudrait ajouter aux quatre dimensions habituelles d'espace et de temps. Cette suggestion ne convainc guère, mais elle montre au moins que le jeune homme ne craint pas d'oser, qu'il a du tempérament, du culot même. Durant toute sa vie, Gamow n'hésitera jamais à jouer avec les idées les plus audacieuses, voire les plus saugrenues. C'est son côté Giordano Bruno : la vie de l'esprit ne consiste-t-elle pas à explorer des territoires vierges, à inventer, à faire virevolter les théories sur le dos agité du réel, le but étant, comme dans un rodéo, de les y maintenir le plus longtemps possible ?

Mais Gamow sent que c'est hors de Russie que se passent les choses les plus intéressantes. En juin 1928, après avoir obtenu son diplôme, il demande un visa pour l'étranger et une bourse d'études, qu'il obtient. Il part pour Göttingen, temple de la physique atomique, où il va travailler deux mois auprès de Max Born. Il n'a que vingt-quatre ans [1], et

1. En général, le génie ne traîne pas et méprise les préliminaires académiques. Il est rarement à incubation lente. Isaac Newton conçut la théorie de la gravitation universelle à l'âge de vingt-trois ans ; Albert Einstein mit sur pied sa théorie de la relativité à vingt-six ans ; Niels Bohr publia sa théorie de la structure atomique à vingt-sept ans…

s'apprête à fournir sa première grande contribution à la physique : il est le premier à avoir l'idée d'appliquer les équations de la physique quantique, essentiellement l'équation de Schrödinger qu'il commence à bien maîtriser, au noyau atomique lui-même. Jusque-là, on l'appliquait seulement aux électrons qui entourent le noyau, on la cantonnait à la périphérie de l'atome. De la physique atomique, domaine qu'il juge déjà trop « encombré » à son goût, Gamow passe ainsi à la physique nucléaire, dont l'objet est seulement le « cœur » de l'atome. Elle n'en est qu'à ses balbutiements, et c'est une discipline exclusivement expérimentale : personne n'a encore tenté d'élaborer une véritable théorie expliquant la structure des noyaux atomiques.

Gamow se lance, en solitaire. Au terme de calculs qui deviendront célèbres, il parvient à expliquer le mécanisme de l'un des trois types de radioactivité : la radioactivité dite « alpha », celle qui ne concerne que les noyaux lourds [1]. De quoi s'agit-il ? Un noyau radioactif est un noyau dont l'arrangement ne respecte pas les lois physiques qui assurent la stabilité maximale. Sa structure le condamne à se transformer : de la même façon que la pomme finit par tomber de l'arbre, un jour ou l'autre le noyau radioactif fait en sorte de se débarrasser de l'excédent d'énergie qui empêche sa stabilité. Les différents types de radioactivité correspondent aux divers moyens de rééquilibrage et de libération de l'énergie des noyaux. Les noyaux les plus lourds, ceux qui contiennent un grand nombre de protons et de neutrons, sont comme des ballons trop gonflés. Ils rêvent d'avoir la peau du ventre moins tendue. Ils ont la possibilité de se délester de leur

1. En même temps que deux autres physiciens, l'un américain (Edward Condon), l'autre anglais (Ronald Gurney).

excédent d'énergie en expulsant des noyaux d'hélium, qu'on appelle aussi des particules alpha (on parle en l'occurrence de radioactivité alpha).

En 1927, Ernest Rutherford, le découvreur du noyau atomique [1], avait constaté que le mécanisme inverse n'est curieusement pas toujours possible : des particules alpha que l'on projette sur des noyaux d'uranium ne semblent pas pouvoir les pénétrer, même lorsque leur énergie est deux fois supérieure à celle des particules alpha émises spontanément par ces mêmes noyaux d'uranium.

Dans un premier temps, Gamow, qui n'aime pas les frontières trop hermétiques, explicite par quel mécanisme une particule alpha parvient à sortir d'un noyau atomique, alors que celui-ci se comporte vis-à-vis d'elle comme une cuvette aux parois infranchissables. Il démontre que, de façon générale, les lois quantiques permettent à une particule d'apparaître de l'autre côté d'une barrière de potentiel, même si l'énergie de la particule est inférieure à la hauteur de la barrière. Autrement dit, la physique quantique offre à la particule une probabilité non nulle de traverser une barrière qui, si l'on s'en tenait aux seules lois de la physique classique, serait pour elle absolument infranchissable. Tout se passe en définitive comme si cette barrière de potentiel

1. Bombardant de minces feuilles métalliques avec des particules alpha, Ernest Rutherford constata que n'importe quel morceau de matière, à condition qu'il soit mince, se comporte comme une vulgaire passoire : les particules alpha le traversent comme si de rien n'était, sauf les rares (une sur dix mille environ) qui ricochent sur ce qui ressemble à des points durs tapis au sein même de la matière. Analysant cette expérience, Rutherford finit par comprendre que l'atome est en fait constitué d'un noyau très dense entouré d'un nuage d'électrons : le noyau repousse les particules alpha qui passent trop près de lui, mais « laisse tranquilles » celles qui passent « au loin ».

était percée d'un véritable tunnel que la particule a une certaine probabilité de traverser – d'où le nom d'« effet tunnel » que propose Gamow [1]. Regardons précisément comment les choses se déroulent pour une particule alpha initialement confinée dans un noyau atomique. Elle s'y déplace très vite et ne cesse d'abord de se cogner et de rebondir sur la paroi intérieure du noyau, qui constitue pour elle une barrière de potentiel. Mais, après de multiples tentatives infructueuses, profitant du jeu des probabilités et de la multiplicité des occasions, elle finit par passer au travers. Un dé qu'on lance et relance finit toujours par donner un six.

Dans un second temps, Gamow explique que le paradoxe découvert par Rutherford peut désormais s'interpréter très simplement. Car une particule de même énergie venant de l'extérieur du noyau, elle, n'a droit qu'à un seul essai pour franchir la barrière de potentiel. Cet essai unique se révèle en général infructueux (on ne tire pas le six à tous les coups), et elle ne pénètre finalement pas à l'intérieur du noyau. C'est cette différence radicale – entre particules alpha provenant de l'extérieur et n'ayant droit qu'à un seul essai, et particules alpha présentes à l'intérieur, se cognant régulièrement contre la barrière de potentiel – qui permet de comprendre les observations de Rutherford : les particules alpha ne peuvent pas facilement pénétrer dans des atomes d'uranium, même lorsque leur énergie est double de celle des particules alpha émises par ces mêmes noyaux d'uranium. Pour une particule alpha, entrer dans le noyau ou en sortir ne sont pas des opérations également probables.

1. En réalité, l'effet tunnel avait été découvert quelques mois plus tôt par Robert Oppenheimer, mais dans une tout autre situation, celle où un électron se sépare de son atome d'origine sous l'effet de l'application d'un champ électrique.

Mais il n'y a pas que les noyaux radioactifs qui sont victimes de fuites. Les bourses d'études des jeunes chercheurs ne sont guère plus étanches. À la fin de son séjour à Göttingen, en septembre 1928, Gamow n'a pratiquement plus d'argent. Avant de rentrer à Leningrad, il décide de passer par Copenhague pour présenter ses conclusions à Niels Bohr, dont il admire les travaux – le Danois fait figure de « père symbolique » pour de nombreux jeunes physiciens. D'autant qu'en 1922, dès la réception de son prix Nobel de physique, l'Académie des sciences danoise et les brasseries Carlsberg lui ont donné l'argent nécessaire pour créer un institut de physique, unique en son genre, et offrir des bourses aux chercheurs désireux d'y travailler.

À Copenhague, Gamow pose ses valises dans un hôtel minable du centre ville et loue la chambre la moins chère. Le lendemain matin, il se rend à pied au 15, Paa Blegdamsvej, domicile de Niels Bohr (l'institut qu'il dirige se trouve juste à côté, au numéro 17), et – miracle – obtient un rendez-vous avec le maître l'après-midi même. Il lui présente alors ses travaux sur la radioactivité alpha. Bohr est impressionné et ponctue les propos de Gamow de : « très intéressant », « vraiment très intéressant », « très intéressant vraiment ». « Combien de temps comptez-vous rester ici ? » demande-t-il enfin. Gamow explique qu'il a tout juste assez d'argent pour s'offrir une nuit d'hôtel. « Pourriez-vous rester un an, demande Bohr, si je vous procurais une bourse Carlsberg de notre Académie des sciences ? – Oui, je pourrais », répond Gamow, le souffle coupé [1].

1. Cette scène a été racontée par George Gamow lui-même (*Trente années qui ébranlèrent la physique*, *op. cit.*, p. 45).

C'est ainsi que le futur auteur de *Monsieur Tompkins au pays des merveilles* est amené à résider une année complète dans la capitale danoise. Avec un autre jeune chercheur, Max Delbrück, il prend pension chez une certaine Mme Have, qui a pour mission de le réveiller s'il n'est pas levé à 11 heures. Il passe ses journées à l'institut de physique qui bourdonne, telle une ruche : de jeunes théoriciens passionnés, en provenance de nombreux pays, parlant des langues différentes, s'ébattent dans les méandres de deux nouveaux continents, celui de l'atome et celui de son noyau. Le danois étant peu pratiqué hors des frontières du Danemark, la langue officielle imposée par Niels Bohr est l'anglais baragouiné, que Gamow parle… parfaitement. Quant aux règles de vie à l'institut, elles brillent par leur souplesse et leur simplicité : chacun fait ce qu'il veut, comme il le veut, aux heures qui lui conviennent le mieux. Friand de soirées festives et alcoolisées, le jeune Georgi pratique quotidiennement la grasse matinée, sans que quiconque songe à le lui reprocher.

Le soir, lorsqu'il est fatigué par sa journée passée à discuter avec les uns et les autres, il arrive que Niels Bohr entre dans la bibliothèque en quête d'étudiants qui accepteraient de l'accompagner au cinéma. En général, Gamow ne se fait pas prier, tant il partage les goûts de son hôte : tous deux n'aiment que les westerns. Bohr, en grand théoricien qu'il est, a développé une thèse pour expliquer pourquoi le héros parvient toujours à tuer le méchant qui dégaine pourtant le premier. C'est essentiellement affaire de psychologie : puisque c'est le méchant qui décide du moment où il dégaine, cette contrainte mentale ne peut que gêner son action, en la parasitant. Le héros, au contraire, agit par simple réflexe : il saisit automatiquement son revolver dès qu'il voit la main du méchant bouger, et sa rapidité lui donne finalement un avantage décisif. Un beau jour, Gamow, qui conteste cette théorie autant que le dogme de la transsubstantiation, va acheter deux revolvers dans un magasin de jouets dans l'intention de la falsifier. Une expérience test s'ensuit, dans laquelle Bohr joue le rôle du gentil héros et « tue » tous ses étudiants.

En dehors des séances de cinéma, Gamow poursuit ses travaux en physique nucléaire. Il n'aime guère les longs calculs abscons, surtout quand il ne parvient pas à les interpréter en termes simples. Contrairement à Paul Dirac, il ne se soucie pas d'esthétique mathématique. Il préfère suivre son intuition, faire confiance à sa boussole personnelle, donner du sens aux images du noyau atomique qui se forment dans son esprit. Après, *seulement* après, il tente de déduire de ces images « mentales » les propriétés physiques de cet objet invisible qu'est le noyau d'un atome. Quel est son degré de rigidité ? Est-il déformable comme le caoutchouc ou plus dur qu'un cristal de roche ? Et quelles formes peut-il prendre ?

Après quelques mois de tâtonnements, Gamow propose une hypothèse : il envisage les noyaux atomiques comme les gouttelettes de ce qu'il appelle « le fluide nucléaire ». Cette supposition paraît d'abord bien surprenante, tout à fait contraire au sens commun, car les physiciens imaginaient plutôt les noyaux, dont la densité est 200 000 milliards de fois plus forte que celle de l'eau liquide, comme des objets solides, susceptibles de se casser de façon nette et franche, telles des briques. Ce qui est très dense n'est-il pas aussi très dur ? Or ce que suggère Gamow, c'est que les noyaux sont au contraire capables de se déformer de façon progressive, par exemple de s'étirer, puis de se contracter, puis de se distendre à nouveau jusqu'à éventuellement se rompre.

Plus tard, en 1936, ce modèle sera repris et développé par Niels Bohr sous le nom de « modèle de la goutte liquide ». En 1939, il permettra de comprendre certains phénomènes nucléaires nouvellement découverts, notamment la fission des noyaux les plus lourds [1]. Les noyaux d'uranium 235, qu'on trouve dans les centrales nucléaires et dans certaines bombes atomiques, en sont les plus célèbres représentants : lorsqu'ils sont percutés par un neutron, ces noyaux s'agitent soudain, se déforment et s'étirent au point de trouver une forme nettement plus stable, composée de deux fragments distincts. Autrement dit, ils subissent une fission qui produit deux noyaux plus légers et libère une très grande quantité d'énergie, tout en émettant deux ou trois neutrons susceptibles de provoquer à leur tour d'autres fissions ; c'est ce qu'on appelle une « réaction en chaîne ».

Au début de l'année 1929, Gamow, arrivé en fin de contrat, bénéficie une nouvelle fois des largesses du mécénat, non plus celles d'un brasseur danois, mais celles d'un magnat du pétrole : sur recommandation de Niels Bohr, la fondation Rockefeller lui accorde une bourse qui lui permettra de passer une année entière au laboratoire Cavendish de Cambridge, dirigé par Ernest Rutherford, dont Gamow connaît bien les travaux. Les expérimentateurs y sont beaucoup plus nombreux que les théoriciens, mais Gamow, qui pratique spontanément l'humour anglais, s'adapte vite à ce nouveau contexte. Il y

1. La fission de l'uranium 235 a été découverte expérimentalement par Lise Meitner, Otto Frisch et Otto Hahn à la toute fin de l'année 1938. Ce phénomène n'avait pas été prédit par le modèle de la goutte liquide, qui n'a permis de l'expliquer qu'après coup.

est même comme un poisson dans l'eau. Poursuivant ses calculs entrepris à Copenhague, il montre que les protons projetés sur une cible, lorsqu'ils ont suffisamment d'énergie, doivent pouvoir être capturés par les noyaux de la cible, surtout si ceux-ci sont légers. On provoquerait ainsi des réactions nucléaires susceptibles de modifier le nombre de protons au sein d'un noyau, donc l'élément chimique auquel il appartient. N'est-ce pas très exactement le vieux rêve des alchimistes ?

Gamow explique que, grâce à l'effet tunnel qu'il vient de découvrir, ce rêve devient réalisable : un proton venant de l'extérieur à grande vitesse peut outrepasser les effets de la force électrique qui tend à l'écarter du noyau (cette force électrique, dite « coulombienne », est répulsive puisque le noyau et le proton sont tous deux chargés positivement). Plus précisément, il est susceptible de diffuser à travers la barrière de potentiel qui résulte de cette force.

Gamow expose ses résultats lors d'un séminaire et propose d'utiliser comme cible du lithium, dont les noyaux ne contiennent que trois protons, donc seulement trois charges électriques positives, de sorte que la barrière à franchir pour le proton incident, celui qui vient de l'extérieur, ne soit pas trop haute. Un tout jeune physicien, John Cockroft, se montre particulièrement intéressé et le presse de questions. Une discussion passionnée s'engage. Les réponses de Gamow sont suffisamment convaincantes pour décider Cockroft à construire à Cambridge, avec l'aide de son collègue Ernest Walton, le premier accélérateur capable de provoquer les réactions nucléaires prédites par ce théoricien venu d'ailleurs.

Les deux expérimentateurs travaillent d'arrache-pied, dans les limites permises par le règlement de leur laboratoire qui ferme tous les soirs… à 18 heures ! Le 13 avril 1932, au beau milieu de l'après-midi, ils parviennent à envoyer des protons sur des cibles de lithium et, dans une sorte de transe, observent la production de paires de particules alpha, selon des modalités en parfait accord avec les prédictions de Gamow et, au demeurant, faciles à décrire : les protons pénètrent par effet tunnel dans les noyaux de lithium 7, qui contiennent trois protons et quatre neutrons, et y sont capturés ; se forment ainsi des noyaux constitués de quatre neutrons et de quatre protons, qui sont des noyaux de béryllium 8 ; ceux-ci fissionnent rapidement en deux particules alpha, chacune d'elles étant formée de deux protons et de deux neutrons [1]. Cockroft téléphone aussitôt à Ernest Rutherford pour lui annoncer la découverte. Puis il sort dans la rue et s'écrie : « Nous avons coupé des atomes en deux, nous avons coupé des atomes en deux [2] ! »

Dans les jours qui suivent, Cockroft et Walton, tout excités, calculent le bilan énergétique de la réaction nucléaire qu'ils viennent d'observer. Ils constatent alors que l'équivalence entre la masse et l'énergie décrite par Einstein en 1905 y est parfaitement vérifiée [3]. Lorsqu'il apprend ce résultat, Albert Einstein déclare dans le *New York Times* qu'il s'agit là de la meilleure preuve qui ait

1. La réaction nucléaire globale, qui conserve le nombre de protons et le nombre de neutrons, peut donc s'écrire : $p + {}^{7}Li \rightarrow {}^{8}Be \rightarrow {}^{4}He + {}^{4}He$.

2. L'écrivain anglais C. P. Snow a fort bien décrit l'enthousiasme de Cockroft dans son livre *The Physicists* (Londres, MacMillan, 1981, p. 89).

3. Ce que montrèrent précisément Cockroft et Walton, c'est que la somme de l'énergie de masse du noyau de lithium et de l'énergie totale du proton incident est égale aux énergies de masse des deux particules α augmentées de leurs énergies cinétiques. Soucieux d'honorer son appellation, l'« effet tunnel » aura donc permis de grandes percées.

jamais été apportée de l'exactitude de sa formule $E = mc^2$ – laquelle attribue une certaine « énergie de masse » aux particules, même lorsqu'elles sont immobiles [1]. Quant à Gamow, il devient célèbre dans toute l'Europe. En dépit de son jeune âge – il n'a que vingt-cinq ans –, on le considère déjà comme le pionnier d'une toute nouvelle discipline, la physique nucléaire, à l'orée de sa puissance : l'homme est devenu capable de « transmuter » des éléments chimiques, en l'occurrence de changer du lithium en hélium (rappelons que les particules alpha sont des noyaux d'hélium). Cockroft et Walton, eux, obtiendront, pour cette découverte extraordinaire, le prix Nobel de physique en 1951.

Mais la vie d'un chercheur originaire d'un pays où l'on a commencé de théoriser la distinction entre science « bourgeoise » et science « prolétarienne » ne saurait se dérouler aussi simplement qu'un processus physique élémentaire. Au début de l'année 1931, Gamow est contraint de retourner à Moscou pour obtenir le renouvellement de son visa. Là, il se heurte à un refus administratif, qui lui est notifié sans aucune justification. Bloqué en URSS pendant deux ans, il en profite pour séduire une belle étudiante, toujours souriante et pleine de vitalité, comme lui. Elle s'appelle Lyubov Vokhminzeva. Celui qui se fait appeler « Géo » par ses amis la surnomme « Rho » et l'épouse en 1932.

Le facétieux physicien a d'autant plus de mal à supporter l'orthodoxie marxiste que la théorie de la relativité et la physique quantique sont méprisées par les tenants de la vieille école « mécaniste » que le pouvoir a placés à

1. Cette formule d'Einstein est expliquée et commentée dans le chapitre qui lui est consacré (*infra*, p. 51 *sqq.*).

la tête de tous les laboratoires de physique [1]. Il travaille au département de physique de l'université de Leningrad, et collabore avec un ami proche, doué lui aussi, Lev Davidovitch Landau [2]. Ensemble, ils parviennent malgré tout à cosigner un certain nombre d'articles dans des revues étrangères, dont l'un, particulièrement important, sur la température interne des étoiles, paraît dans la revue *Nature* [3].

Mais le climat s'alourdit de jour en jour. Un matin, un camarade fait irruption dans la bibliothèque et interrompt une discussion animée entre Gamow et Landau en brandissant la dernière édition de l'Encyclopédie soviétique. Surprise : un article y est consacré à l'« éther luminifère », cette substance censée emplir tout l'espace et vibrer au passage de la lumière. Ni Gamow ni Landau ne croient à l'existence de cette « vieillerie ». Einstein en a

1. Après la Seconde Guerre mondiale, au plus fort de l'affaire Lyssenko, George Gamow, alors installé aux États-Unis, ridiculisa d'une phrase les thèses de ceux qui affirmaient l'hérédité des caractères acquis : « Quand un enfant ressemble à son père, ils disent que c'est en vertu des lois de Mendel ; quand il ressemble au facteur, ils disent que c'est un effet de l'environnement. »

2. Lev Landau obtint en 1962 le prix Nobel pour ses travaux en physique de la matière condensée, notamment son étude de la « superfluidité » de l'hélium. À très basse température, l'hélium s'écoule avec une viscosité nulle. Il peut, par capillarité, s'écouler spontanément en dehors d'un vase dans lequel on prétend le garder, et possède d'intéressantes propriétés thermiques, en particulier une conductivité très importante. L'explication théorique de ce phénomène tient en ce que les atomes d'hélium sont capables de s'agglutiner en grand nombre dans le même état physique, en l'occurrence l'état de plus basse énergie, dans lequel ils ont tous la même vitesse et se déplacent sans rencontrer de résistance.

3. G. Gamow et L. Landau, « Internal Temperature of Stars », *Nature*, vol. 132, 1933, p. 567.

débarrassé la physique avec sa théorie de la relativité restreinte depuis 1905, et ils le savent : les ondes électromagnétiques n'ont pas besoin d'éther pour se propager, elles le font dans le vide, sans le moindre support. Au nom du matérialisme dialectique, l'article dénonce Einstein, proclame la nature matérielle de l'éther et enjoint les physiciens soviétiques de mettre au jour ses propriétés. Il a manifestement été écrit par un idéologue, qui plus est piètre physicien. Mais son nom n'est autre que Gessen, le directeur du laboratoire !

Les deux jeunes chercheurs décident aussitôt d'écrire à leur patron un petit mot plein d'ironie : « Très inspirés par votre article sur l'éther luminifère, nous allons travailler d'arrache-pied pour démontrer son existence matérielle. Le vieil Albert est un crétin idéaliste ! Mais nous aimerions que vous appuyiez également nos recherches sur le calorique, le phlogistique et les fluides électriques [1]. »

Gamow et Landau font ainsi allusion à de vieilles lunes datant du XVIIIe siècle et qui ont toutes été abandonnées par les scientifiques. Furieux, le bon camarade Gessen envoie un télégramme à l'Académie des sciences de Moscou, majoritairement communiste, dans lequel il accuse les deux jeunes physiciens de mener une révolte ouverte contre le matérialisme dialectique et la philosophie marxiste. La réponse ne se fait pas attendre : ils devront être jugés par des membres du laboratoire.

Le procès dure plusieurs heures. Landau est déchu de son poste d'enseignant à l'Institut polytechnique : il s'agit

1. Ce courrier est reproduit dans le livre de Walter Gratzer, *Eurekas and Euphorias. The Oxford Book of Scientific Anecdotes*, *op. cit.*, p. 229-230. Voir aussi le livre de George Gamow, *My World Line : An Informal Autobiography*, *op. cit.*, p. 57.

de protéger les étudiants de ses idées « déviationnistes ». Gamow s'en sort mieux : il est simplement interdit de séjour dans les cinq plus grandes villes de l'URSS, afin de prévenir toute « contamination » des esprits.

Ces tracas sont le signe qu'il faut partir. Comment supporter le formatage de la pensée ? L'autoritarisme stupide ? Les époux Gamow ne manquent ni de détermination ni de témérité. Ils se rendent alors dans un petit port près d'Odessa, d'où ils veulent fuir, en traversant la mer Noire, à destination de la Turquie… Une simple barque fera l'affaire. En plus des rames, ils n'emportent que des œufs, du chocolat, des fraises et deux bouteilles de brandy. Ce sera leur glorieuse « campagne de Crimée ».

Le premier jour, tout se passe bien ; mais après trente-six heures de traversée, le vent du large se lève. Il souffle si fort que la pression qu'il exerce sur le large torse de Gamow et sur l'embarcation les empêche de progresser. Les deux jeunes mariés sont contraints de regagner la plage d'où ils étaient partis. Épuisés, ils sont conduits à l'hôpital. Là, Gamow, qui a gardé toute sa verve, parvient à faire croire aux autorités qu'ils avaient projeté une simple promenade en amoureux, promenade que les mauvaises conditions météorologiques ont transformée en un long périple involontaire. Au total, ils ont parcouru près de trois cents kilomètres.

Au cours de l'été 1933, Gamow est invité par ses collègues étrangers, Niels Bohr en tête, à participer au congrès Solvay, qui doit se tenir à Bruxelles, à l'automne. À sa grande surprise, il est autorisé par les autorités soviétiques à s'y rendre en compagnie de sa femme qu'il fait passer pour… sa secrétaire. L'administration tardant à effectuer les vérifications de routine, les époux Gamow profitent de cet « effet tunnel administratif » pour quitter définitivement l'Union soviétique, telles deux particules alpha saisissant la première occasion pour quitter leur noyau d'origine.

En octobre, Georgi Gamow assiste au congrès Solvay, le septième du nom, où se trouvent rassemblés tous les pères de la physique nucléaire moderne, à l'exception d'Einstein qui vient tout juste d'émigrer aux États-Unis : Enrico Fermi et Lise Meitner sont là, ainsi que Paul Dirac, Werner Heisenberg, Wolfgang Pauli, Marie Curie et sa fille Irène, Frédéric Joliot, Niels Bohr, Erwin Schrödinger, Louis de Broglie, James Chadwick... Sur la photo de groupe, on voit nettement que Gamow est le plus grand de tous, du moins de tous ceux qui ne sont pas assis. L'ambiance y est très chaleureuse et, en ces temps de plus en plus troublés, la solidarité entre physiciens s'organise. Les Gamow, appréciés de tous, sont invités à séjourner à Paris, pour travailler à l'Institut du radium, par Frédéric et Irène Joliot-Curie, qui ne vont pas tarder à découvrir la radioactivité artificielle. Puis ils partent pour Cambridge, où Ernest Rutherford, devenu un ami proche, les attend. De là, ils rejoignent Copenhague, où c'est Niels Bohr qui les réclame à nouveau. Bien que de courte durée, ces différents séjours permettent à Gamow de découvrir les travaux d'avant-garde menés dans les meilleurs laboratoires de physique nucléaire d'Europe.

Gamow est au Danemark lorsqu'il reçoit une invitation à prononcer une conférence à l'université du Michigan. Le couple se rend donc aux États-Unis, pour un séjour *a priori* de courte durée. Mais les Gamow vont s'y établir, car l'université George Washington propose à Georgi un poste de professeur qu'il accepte sans hésitation.

Quelques mois plus tard, en 1935, Rho accouche d'un fils, que le couple prénomme Rustem Igor.

Aux États-Unis, la production gamowienne ne faiblit pas. Notre homme déborde d'activités. Toujours de bonne humeur, il s'intéresse à mille sujets, organise des conférences de physique nucléaire mais aussi d'astrophysique, invite Bohr, Dirac, Fermi, Oppenheimer, Bethe, Von Neumann. En 1936, il commence une collaboration étroite et fructueuse avec Edward Teller, le futur père de la bombe H américaine, qui dira de lui : « Quand ses idées n'étaient pas fausses, non seulement elles étaient justes, mais elles étaient nouvelles [1] ! » Ensemble, ils explorent, précisent le rôle des réactions de fusion de l'hydrogène au sein des étoiles, émettent des hypothèses sur les différentes possibilités d'évolution des astres, décrivent la dynamique des géantes rouges, ces étoiles en fin de vie dont le diamètre augmente brutalement [2].

Mais c'est avec le physicien brésilien Mario Schoenberg que Gamow publie en 1940 le tout premier article conjuguant explicitement physique des particules et astrophysique. Les deux auteurs émettent l'hypothèse que les neutrinos, ces particules dont l'existence a été prédite en 1930 par Wolfgang Pauli mais que personne n'a encore pu détecter, jouent un rôle dans le refroidissement des étoiles très massives au moment de leur

1. Cité par Jean-Pierre Luminet dans *L'Invention du Big Bang*, Paris, Seuil, coll. « Points-Science », 2004, p. 155.

2. Les géantes rouges sont des étoiles en fin de vie, de masse proche de celle du Soleil, qui connaissent d'abord quelques soubresauts de combustion de l'hélium dans leurs couches les plus externes, soubresauts qui les conduisent à augmenter considérablement leur diamètre au prix d'un abaissement de leur température superficielle.

effondrement final, lorsqu'elles explosent sous forme de *supernovae* [1] : en se transformant en protons par radioactivité bêta, les neutrons présents dans ces étoiles émettent des neutrinos qui emportent une partie de l'énergie vers l'extérieur. Gamow et Schoenberg baptisent ce phénomène « processus Urca », d'après le nom d'un casino de Rio où les gens perdent de l'argent très rapidement, paraît-il.

La même année, Gamow devient citoyen des États-Unis et commence à écrire pour le grand public. Georgi devient George. Au moment où la guerre éclate en Europe, où l'humanité étrécit sa pensée et cloisonne ses espaces, Monsieur Tompkins, lui, fait ses premiers rêves au sein de l'univers quantique, un univers qui ressemble par bien des aspects à l'esprit de Gamow : aucun territoire n'y est vraiment étanche puisque l'effet tunnel intervient constamment, privant de sens les notions de territoire, de frontière, de domicile, de propriété privée.

N'être pas fixé ni figé, ne pas se laisser enfermer, pouvoir indéfiniment changer de perspective, voilà qui caractérise la façon de vivre et de penser de Gamow. Il n'aime rien tant qu'entremêler les champs disciplinaires, traverser les lignes de partage académiques, inventer des concepts mixtes. Cette pratique se retrouve même dans sa façon de parler. Il a tant voyagé, tant échangé avec les autres, qu'il parle six langues différentes. En fait six dialectes, disent les mauvaises langues, d'un idiome unique, le « gamowien », sorte de sabir bariolé fait de mots récoltés ici et là, comme des coquillages.

1. G. Gamow et M. Schoenberg, « The Possible Role of Neutrinos in Stellar Evolution », *Physical Review*, vol. 58, 1940, p. 1117.

Mais en temps de guerre, la physique nucléaire n'est plus une activité comme les autres. Elle se retrouve enrôlée. En 1943, Gamow part pour Los Alamos, dans le désert du Nouveau-Mexique, rejoindre les milliers de physiciens, ingénieurs et techniciens qui collaborent au projet Manhattan, lancé par le président Roosevelt et dirigé, pour la partie scientifique, par Robert Oppenheimer [1]. Le but, évidemment tenu secret, est de construire des bombes atomiques afin d'opposer aux nazis, qui tiennent l'Europe, une puissance équivalente à celle qu'on les soupçonne de développer en Allemagne. Gamow est intégré au groupe de théoriciens qui travaillent à la conception et à la modélisation de bombes utilisant la fission de l'uranium 235 ou du plutonium 239. Mais, à l'instar d'Edward Teller, avec lequel il poursuit une étroite collaboration, c'est plutôt la fusion thermonucléaire qui l'intéresse, celle qui se produit dans les étoiles et n'est possible qu'avec des noyaux très légers. En marge de sa mission officielle, Gamow, infatigable, trouve le temps de publier plusieurs articles sur la vie et l'évolution des étoiles. Intellectuellement, il se comporte comme une particule quantique, incapable de demeurer en un seul endroit à la fois.

Après la guerre, Gamow reprend son enseignement à l'université George Washington. L'astrophysique nucléaire

1. L'histoire du projet Manhattan a débuté le 2 août 1939 par une lettre d'Albert Einstein adressée au président Roosevelt lui expliquant l'intérêt du phénomène de fission de l'uranium et son application possible à la fabrication d'une bombe atomique. La découverte d'un autre élément fissible, le plutonium, ouvrit à partir de 1941 la possibilité d'un second type de réaction. En janvier 1943, les militaires américains décidèrent de mener de front les deux projets, celui d'une bombe à uranium et celui d'une bombe au plutonium.

devient sa grande affaire, car il est persuadé qu'une meilleure compréhension des noyaux permettrait de mieux saisir l'histoire et l'évolution de la matière. Avec l'un de ses étudiants, Ralph Alpher, il s'attaque, une fois encore en pionnier, au problème de l'origine des éléments chimiques. Comment les atomes d'hélium, de carbone, d'oxygène, de soufre, de fer, de potassium, d'uranium se sont-ils formés ? Gamow émet l'hypothèse qu'ils ont tous été produits durant les premières phases, très chaudes, de l'univers en expansion. Il y avait alors les protons, mais aussi les neutrons, les électrons et les photons, tous très agités, filant dans tous les sens et se percutant régulièrement. Mais du fait de l'expansion, et du refroidissement qu'elle induisait, ces particules perdaient rapidement de l'énergie. Après quelques secondes, les photons, dont l'énergie était jusque-là suffisante pour qu'ils brisent systématiquement l'union d'un proton avec un neutron, devinrent trop « mous » pour y parvenir : les noyaux de deutérium, assemblages d'un proton et d'un neutron, commencèrent donc à se former sans être aussitôt détruits par l'impact d'un photon. Dès leur apparition, ces noyaux de deutérium agglutinèrent à leur tour un neutron et un proton. Se constituèrent ainsi des noyaux d'hélium. Les mariages de cette sorte allèrent bon train, permettant de former, par captures successives de neutrons, les divers noyaux qui existent aujourd'hui.

En 1948, George Gamow et Ralph Alpher sont prêts à publier leurs conclusions sur l'origine des éléments chimiques. Avant d'adresser leur article à la *Physical Review*, le malicieux Gamow ajoute à la liste des signataires le nom de Hans Bethe, le premier physicien à avoir compris comment les étoiles produisent leur énergie, sans lui demander son avis. Bethe n'a nullement collaboré, mais c'est pour le simple plaisir esthétique d'évoquer les trois premières lettres de l'alphabet grec (Alpher, Bethe, Gamow pour *alpha*, *bêta*, *gamma*). Gamow tente aussi, mais en vain, de convaincre un autre collègue, Robert Herman, d'être cosignataire de l'article à condition bien sûr de changer son nom en… Delter (pour *delta*). Comme de bien entendu, cet article, qui demeurera célèbre sous le nom de « papier αβγ », est daté du 1er avril [1].

L'hypothèse, révolutionnaire, de Gamow devra toutefois être corrigée ultérieurement . seuls les noyaux les plus légers, comme ceux d'hydrogène, de deutérium ou d'hélium, ont pu se former dans l'univers primordial selon le processus qu'il a envisagé. Car après trois minutes le contenu de l'univers était tellement « dilué » par son expansion que les noyaux et les neutrons, trop éloignés les uns des autres, n'avaient plus la possibilité de se rencontrer, de s'agglutiner et de constituer des noyaux plus gros comme le carbone ou l'oxygène : plus de rencontres, plus de mariages, donc arrêt des réactions nucléaires. Les noyaux plus lourds n'ont pu apparaître que bien plus tard, des millions d'années après, certains (jusqu'aux noyaux de fer) dans les étoiles, les autres (jusqu'aux noyaux d'uranium) au cours d'explosions d'étoiles.

Reste que Gamow et ses collaborateurs sont sur la bonne voie. Leur travail est d'ailleurs considéré comme le véritable lancement de l'actuelle théorie du big bang [2]. Bien sûr, il s'appuie sur des découvertes antérieures, tout

1. R. Alpher, H. Bethe et G. Gamow, « The Origin of Chemical Elements », *Physical Review*, vol. 73, 1948, p. 103.

2. Cette expression fut inventée en 1948 par l'astrophysicien Fred Hoyle, qui voulait ainsi se moquer de l'idée d'un « instant zéro » contenue dans les premières formulations de cette théorie.

aussi majeures, notamment celles que Georges Lemaître a faites dans les années 1930. Cet abbé et mathématicien belge avait remarqué un lien étroit entre l'expansion de l'univers, qui venait d'être observée, et certaines conséquences mathématiques de la théorie de la relativité générale d'Einstein. Ce constat l'avait amené à formuler une hypothèse audacieuse : si l'univers est aujourd'hui en expansion, il a été beaucoup plus dense dans le passé ; initialement, il devait même être condensé en un « atome primitif » que des fractionnements successifs ont façonné tel que nous le voyons aujourd'hui. Gamow reprend l'hypothèse de l'atome primitif, mais l'enrichit considérablement en faisant intervenir une nouvelle grandeur physique, la température : dans son passé lointain, l'univers était non seulement beaucoup plus dense qu'aujourd'hui, mais aussi beaucoup plus chaud, donc beaucoup plus énergétique. En bref, à ses débuts, la matière a connu un moment de fièvre extraordinaire.

Dans la description de l'histoire de l'univers, Gamow introduit ainsi un nouveau paramètre clé, la température, grâce auquel il va établir un trait d'union, révolutionnaire en soi, entre la cosmologie et la physique des particules, deux disciplines qui jusque-là ignoraient tout l'une de l'autre. Depuis, leur lien n'a cessé de se renforcer. On peut même considérer qu'elles se sont mariées en bonne et due forme le jour où, retravaillant les arguments de Gamow, les physiciens ont compris que toute collision violente de particules ne fait que reproduire les conditions physiques de l'univers primordial : plus l'énergie d'une collision est élevée, plus on remonte loin dans le passé. Car l'univers conserve en tous ses points la mémoire vive de ce qu'il a été dans sa phase primordiale, c'est-à-dire la possibilité d'y rejouer, en miniature, le scénario de ses premiers instants.

Ainsi, lorsque des physiciens provoquent *aujourd'hui* de très violentes collisions de particules à l'aide d'accélérateurs [1], ils obtiennent des indications sur ce que fut le passé très lointain de l'univers. En effet, ils créent, ou plutôt *recréent*, dans un tout petit volume et pendant une durée très brève, les conditions physiques extrêmes qui étaient celles de l'univers primordial. De ces chocs terribles surgissent en grand nombre de nouvelles particules qui proviennent de la matérialisation de l'énergie des particules entrées en collision. La plupart d'entre elles n'existent plus dans l'univers : trop fugaces, ces nouvelles particules se sont rapidement transformées en d'autres particules plus légères et plus stables, qui ont pu résister au passage du temps et constituent la matière d'aujourd'hui. Mais l'univers n'en a pas moins intimement conservé la possibilité de faire réapparaître en son sein, selon des lois physiques invariables, ces objets qu'il ne contient plus, pour peu que des physiciens le poussent à la roue. Il autorise ainsi qu'on réactualise ses vieux souvenirs : une bonne collision bien violente entre deux particules, pour lui, c'est presque un bain de jouvence.

1. Les physiciens des particules utilisent aujourd'hui des « collisionneurs », c'est-à-dire des accélérateurs de particules au sein desquels deux faisceaux circulent en sens contraire presque à la vitesse de la lumière et peuvent entrer en collision. Dans ces chocs, toute l'énergie des particules incidentes est convertible en matière, en vertu de l'équivalence entre l'énergie et la masse ($E = mc^2$). Elle peut ainsi se transformer intégralement en d'autres particules, en général de très courte durée de vie, qui ne se trouvent plus dans l'univers actuel, devenu trop froid pour les produire.

En 1948, Gamow passe l'été à Los Alamos. Quant à ses deux jeunes collaborateurs, Ralph Alpher et Robert Herman, ils demeurent à l'université George Washington, où ils reprennent et développent ensemble certaines des conclusions de leur professeur. Cela les conduit à franchir un nouveau pas décisif : bien après la formation des noyaux les plus légers, lorsque l'univers en expansion s'est refroidi à quelques milliers de degrés, il a dû brusquement devenir transparent et laisser échapper sa première lumière [1]. En d'autres termes, selon Alpher et Herman, il doit exister une descendance de l'univers primordial sous la forme d'un rayonnement vestige, refroidi par l'expansion, semblable à celui d'un corps noir dont la température serait très basse, égale à 5 Kelvin d'après leurs calculs. Ce rayonnement sera découvert par hasard, en 1965, par Arno Penzias et Robert Wilson, à une température voisine de 3 Kelvin [2]. Les scénarios de big bang passent là, avec succès, leur premier grand test expérimental. Mais à César, on le sait bien, n'est pas toujours accordé ce qui devrait lui revenir, du moins pas intégralement : le 8 décembre 1978, ce sont Penzias et Wilson qui recevront le prix Nobel de physique, et non Gamow et Lemaître, morts dix ans plus tôt.

À partir des années 1950, Gamow, inlassable curieux, délaisse l'astrophysique : elle attire désormais de très nombreux chercheurs, il est donc temps de passer à autre chose. C'est ainsi qu'il commence à s'intéresser à la génétique. Alors professeur invité à Berkeley, il découvre en

1. R. Alpher et R. Herman, « Evolution of the Universe », *Nature*, vol. 162, 13 novembre 1948, p. 774.

2. Grâce notamment au satellite Cobe (Cosmic Background Explorer), on connaît maintenant la température du rayonnement cosmologique avec une grande précision : 2,736 ± 0,017 Kelvin.

1953 le fameux article de Watson et Crick sur la structure en double hélice de l'ADN, cette molécule capable de se diviser et de produire deux copies conformes à l'original [1]. Aussitôt, il en tire la conclusion que l'information contenue dans les quatre « lettres » A, T, G et C, qui constituent les chaînes d'ADN, peut être traduite selon une séquence de vingt acides aminés formant les protéines. C'est le premier modèle mathématique du « code génétique ». Gamow parvient à ce résultat en comptant le nombre de triplets différents qu'on peut former à partir de quatre éléments. Ni Crick ni Watson n'ont eu l'idée de compter les acides aminés. La lettre de Gamow va leur ouvrir les yeux [2]. Mais, là encore, les choses se révèlent un peu moins simples que ce qu'a envisagé Gamow : l'ADN fabrique l'ARN qui fabrique les acides aminés, de sorte que la relation entre triplets et acides aminés n'est pas une correspondance directe. Il n'empêche : l'article très original qu'il publie en 1954 dans la revue *Nature*, sous le titre « Possible Relation between DNA and Protein Structure », ouvre de nouvelles voies qui ne tarderont pas à être explorées très sérieusement par les biologistes.

1. Cet article leur a valu le prix Nobel de biologie en 1962.

2. Les biologistes et les physiciens ont tout intérêt à se lire les uns les autres. James Watson reconnut que la lecture, en 1946, du livre de Schrödinger *What is Life ?* avait été pour lui une source d'inspiration très précieuse, qui détermina même le choix de son thème de recherche : le gène. Dans cet ouvrage précurseur, Schrödinger explicitait le concept de code génétique et incitait les cristallographes à s'intéresser au contenu du noyau des cellules, et c'est bien de là que vint la lumière : la molécule reconstruite (en fil de fer et en carton) par Watson et Crick résultait des photos de cristallographie aux rayons X prises par Rosalind Franklin et Maurice Wilkins.

Cependant, Gamow ne parvient toujours pas à se prendre au sérieux. Après avoir noué de solides liens d'amitié avec Watson et Crick, il fonde le RNA Tie Club, qui comprend vingt membres, chacun portant une cravate particulière dont le motif représente l'un des vingt acides aminés : Gamow arbore la phénylalanine, Francis Crick la tyrosine.

En 1956, Gamow quitte l'université de Washington pour celle du Colorado, à Boulder, où il enseignera jusqu'à sa mort. Après vingt-quatre ans de mariage, l'auteur de *Monsieur Tompkins au pays des merveilles* divorce de Rho pour épouser bientôt Barbara Perkins, sa jeune et belle éditrice de Viking Press. Ces secondes noces ne semblent guère modifier sa façon d'être, qu'on pourrait aussi appeler son style. Il a toujours l'intelligence jubilatoire, l'humeur joviale, une conception très libre de la vie en général et de la science en particulier.

Toutefois, ces traits de caractère ont sans doute occulté quelque peu le sérieux de ses travaux qui n'ont pas toujours été reconnus à leur juste valeur. Pour certains scientifiques, qui manquent d'esprit, un chercheur n'est crédible que si son visage est passé à l'encaustique de la dignité professionnelle. Gamow, lui, est un incorrigible farceur, capable de manifester un enthousiasme enfantin, et qui conserve un goût prononcé pour les canulars. En 1958, il adresse à la revue *Nature* un article dans lequel il affirme que la force de Coriolis, dont le signe change lorsqu'on franchit l'équateur [1], explique l'observation

1. La force de Coriolis est la force créée par la rotation de la Terre et par laquelle une parcelle de fluide en mouvement est déviée vers sa droite dans l'hémisphère nord et vers sa gauche dans l'hémisphère sud.

qu'il prétend avoir faite au cours de ses voyages : les vaches mastiqueraient dans le sens des aiguilles d'une montre dans l'hémisphère nord et en sens inverse dans l'hémisphère sud… Dans les années 1960, il calcule que, compte tenu de la forte augmentation du nombre d'articles publiés dans la *Physical Review*, l'épaisseur occupée par les tomes successifs sur les étagères va bientôt croître à une vitesse dépassant celle de la lumière. Il ajoute, non sans malice, que les principes de la relativité, qui interdisent pourtant qu'aucune information ne puisse se propager plus vite que la lumière, n'en seront nullement violés. Pourquoi ? Parce qu'aucune information ne sera plus contenue dans ces volumes… Le trop d'information ne tue-t-il pas l'information ?

Une rumeur qui a la vie dure prétend que les physiciens théoriciens ne sauraient avoir de vices sensuels, qu'ils évitent la ripaille, ont un cœur en pierre ponce, s'enferment de leur plein gré dans des tours d'ivoire, refusent divertissements et plaisirs, synonymes de démission de la raison et d'abandon aux forces obscures. Gamow, lui, a bu (de la vodka, surtout, et beaucoup), mangé, fumé et festoyé plus souvent qu'à son tour. Il a ajouté de la vie à ses années plutôt que des années à sa vie. Le 19 août 1968, juste avant d'expirer, il déclare sans regrets : « Finalement, mon foie paie l'addition. »

II

ALBERT EINSTEIN, UN JEUNE HOMME À CHEVAL SUR LES HORAIRES

Au train où vont les choses, les choses où vont les trains vont bientôt cesser d'être des gares.

Pierre Dac

J'ai lu des articles dans les journaux sur cet Allemand qui se nomme Einstein et sa relativité. C'est à la mode en ce moment et il paraît qu'il n'y a rien à comprendre… que ça ne tiendra pas devant les faits ; quand il est 8 heures dans une gare, il n'est pas 8 heures moins cinq dans le train, même si ce train va très vite.

Raymond Queneau

En ce premier automne du XXᵉ siècle, Albert Einstein a tout juste vingt-deux ans et il se retrouve sur le carreau. Ce jeune homme au visage pâle et plein, aux yeux noirs et souriants, à la bouche gourmande ornée d'une fine moustache, a perdu sa sérénité. Voilà plus d'une année qu'il a obtenu le diplôme d'ingénieur de la prestigieuse École polytechnique de Zurich – le Polytechnicum, en abrégé – au terme d'un parcours atypique (rebelle à toute discipline imposée, il a quitté le lycée de Munich à seize ans), mais avec des notes plus qu'honorables. Il a envoyé de multiples lettres, certaines à l'étranger, mais ne parvient toujours pas à décrocher le poste universitaire qui lui permettrait de se consacrer à la recherche. C'est pourtant ce qu'il souhaite viscéralement.

Hermann Einstein, son père, ingénieur autodidacte, s'est installé à Pavie, en Italie, où il dirige une petite usine électrochimique, mais ses affaires périclitent. Les difficultés financières s'accumulent lentement mais sûrement. Pis, il vient de tomber malade. Le jeune diplômé ne peut donc plus se contenter de donner des cours particuliers de physique ou de mathématiques. Il doit absolument trouver un travail stable et convenablement rémunéré s'il veut pouvoir se lancer sereinement dans ce qui sera – il le sait depuis l'adolescence [1] – la quête de toute sa vie : comprendre la réalité objective, le monde réel, le monde véritable, de ses plus petits constituants au cosmos.

Depuis deux ans, Albert Einstein est très amoureux de Mileva Maric, une jeune femme d'origine serbe, au regard vif et intelligent, à la voix très suave, et qui joue de la mandoline. Ils se sont rencontrés au Polytechnicum, où elle étudiait aussi les mathématiques et la physique. Elle sait bien qu'Albert a des dons exceptionnels et se déclare prête à l'aider. Mais cela commence mal : elle échoue à

1. Au lycée, Einstein écrivit, à l'occasion d'un examen de français : « Si j'avais le bonheur de passer heureusement mes examens, j'irais à l'École polytechnique de Zurich. J'y resterais quatre ans pour étudier les mathématiques et la physique. Je m'imagine de devenir professeur dans ces branches de la science de la nature en choisissant la partie théorique de ces sciences. [...] C'est tout naturel : on aime toujours faire les choses pour lesquelles on a le talent. Puis c'est aussi une certaine indépendance de la profession scientifique qui me plaît beaucoup » (essai reproduit dans Abraham Pais, *Subtle is the Lord. The Science and the Life of Albert Einstein*, Oxford, Oxford University Press, 1982, p. 42-43).

ses examens de sortie, et ne peut espérer trouver un travail dans l'immédiat.

Le 11 décembre 1901, une planche de salut se présente enfin : une annonce paraît dans un journal, le *Schweizerisches Bundesblatt*, informant qu'une place d'ingénieur de deuxième classe est vacante au « Bureau fédéral de la propriété intellectuelle » de Berne – une fort belle dénomination en vérité, que l'on s'obstine à traduire platement par « Office des brevets » [1]. La fonction proposée exige une bonne connaissance de la physique en général, le sens de l'expérience et celui des applications pratiques, autant de qualités que possède Einstein, qui a passé beaucoup de temps au laboratoire pendant ses études. Il dispose d'un autre avantage : il connaît très bien l'électromagnétisme, tant du point de vue des phénomènes que de la théorie, qu'il a pourtant apprise par lui-même dans des manuels, notamment ceux des plus grands spécialistes allemands Gustav Kirchhoff, Hermann von Helmholtz et Heinrich Hertz. Or les projets d'appareils électriques et électromagnétiques proposés par les ingénieurs sont de plus en plus nombreux, et le Bureau de la propriété intellectuelle, qui travaille en relation étroite avec les industriels, a besoin de personnes capables de les expertiser.

Einstein fait acte de candidature et, après une entrevue de plus de deux heures avec Friedrich Haller, le directeur du Bureau, il est engagé comme ingénieur non pas de deuxième, mais de troisième classe seulement.

Albert et Mileva, qui ne sont pas encore mariés, s'installent ensemble à Berne. C'est une agréable petite ville,

1. La dénomination allemande, *Eidgenössischen Amt für geisttiges Eigentum*, est pourtant sans ambiguïté.

très pittoresque, qu'on peut traverser en plein orage sans être mouillé grâce aux arcades qui bordent ses rues. C'est aussi une cité administrative, siège du gouvernement fédéral suisse, avec des ambassades, des administrations, qui lui valent d'être reliée par un réseau très dense aux lignes ferroviaires suisses et étrangères. Une vie feutrée de fonctionnaire, voilà sans doute ce qu'il faut à Einstein pour poursuivre sa longue quête intellectuelle.

Six mois plus tard, le 16 juin 1902, enfin délesté de ses cours particuliers, Einstein commence dans la joie son nouveau travail. Créé en 1888, le Bureau fédéral de la propriété intellectuelle est installé dans un grand immeuble à l'allure sévère, situé au croisement de la Genfergasse et de la Spychergasse. Vingt-neuf employés s'y retrouvent chaque matin, six jours par semaine. On leur demande d'examiner la pertinence et la rigueur scientifique des dossiers soumis pour l'obtention d'un brevet d'invention. Einstein aime sa tâche, qui exige tout à la fois de la sagacité et une solide culture scientifique. Notre homme ne manque ni de l'une ni de l'autre. Ce flux d'idées qu'il doit d'abord comprendre, puis juger, stimule sa propre réflexion. En l'incitant à rechercher un travail pratique, son ingénieur de père aurait donc été bien inspiré : évaluer et décrire dans un compte rendu un grand nombre d'inventions correspond sans doute mieux à son tempérament qu'un poste universitaire [1]. Qui plus est, Einstein a d'excellentes relations avec ses collègues, qui s'amusent de sa dégaine – il n'a aucun goût pour la

1. Einstein écrivit en 1955 : « La rédaction des actes de brevet était pour moi une véritable aubaine. Ce travail m'obligeait à exercer mon esprit dans des domaines variés tout en m'offrant largement de quoi stimuler ma réflexion en physique. Une activité professionnelle concrète est finalement une bénédiction pour quelqu'un comme moi.

mise – et il éprouve pour son directeur une sympathie sincère. Rapidement, il devient « l'un des experts les plus appréciés du Bureau, capable d'affronter les demandes de brevet les plus difficiles à analyser [1] ».

Chaque matin, pour gagner à pied son lieu de travail, à quelques rues de son domicile, Einstein passe devant la plus fameuse horloge de Berne, la *Zeitglockenturm*. Un détail n'a pas pu le laisser indifférent : elle est connectée aux autres horloges de la ville, de sorte que toutes sont synchrones. Lorsque l'aiguille des minutes de la *Zeitglockenturm* avance, celles des autres horloges font aussitôt de même. Grâce à la technologie, le temps de Berne apparaît comme unifié.

C'est un progrès spectaculaire. Quelque temps auparavant, à la toute fin du XIXe siècle, les heures des villes d'Europe n'étaient pas toutes synchronisées. Chaque lieu voyait midi à sa porte, et parfois même plusieurs midis. Ainsi, sur la tour de l'île, à Genève, il y avait trois horloges : celle du centre donnait l'heure moyenne de Genève ; celle de gauche indiquait l'heure de Paris, fondée sur l'horaire de la ligne de chemin de fer Paris-Lyon-Méditerranée ; et celle de droite affichait l'heure de Berne, la capitale, qui avait cinq minutes d'avance sur celle de Genève. Mais la polychronie ne pouvait pas durer, elle

---

Une carrière académique condamne un jeune chercheur à une certaine production d'articles scientifiques. C'est là une incitation à la superficialité à laquelle seuls les caractères bien trempés peuvent résister » (Albert Einstein, *Œuvres choisies*, vol. 1, *Quanta : mécanique statique et physique quantique*, sous la direction de F. Balibar, Paris, Seuil/CNRS, 1989, p. 16).

1. Abraham Pais, *Subtle is the Lord. The Science and the Life of Albert Einstein*, *op. cit.*, p. 47.

créait trop de complications, notamment pour les usagers des chemins de fer, en nombre croissant. De ce point de vue, l'Allemagne avait pris une longueur d'avance sur les autres pays européens, car le 16 mars 1891 un homme influent à la voix rauque, le comte von Moltke, avait déclaré devant le Parlement impérial que la coordination de l'heure était une priorité nationale : elle était nécessaire pour les voyageurs aussi bien que pour la défense militaire ; de plus, les cadrans des horloges donneraient à voir l'unité allemande toute nouvellement conquise. L'Allemagne avait donc entrepris de renforcer sa maîtrise du temps et des heures. Et la plupart des nations européennes lui avaient emboîté le pas.

Dès l'injonction du baron prussien, les ingénieurs sont aux prises avec un joyeux mélange de systèmes mécaniques et électriques, dont aucun ne donne vraiment satisfaction. Mais à partir des années 1890, plusieurs innovations techniques font jaillir les idées comme promesses en campagne électorale. Une masse croissante de brevets sont déposés, qui portent sur les relais et les amplificateurs de signal, sur les générateurs de basse tension, les récepteurs électromagnétiques ou encore les interrupteurs à contact. Les progrès s'enchaînent, rapides, frappants. Dès 1892, le réseau urbain d'horloges synchronisées de Berne, celui-là même qu'Einstein pourra apercevoir sur son trajet quotidien, est inauguré en grande pompe. L'unicité du temps se montre fièrement à chaque coin de rue.

Toutefois, même rythmée par la technologie la plus moderne, la marche du temps n'est pas toujours triomphale : le 10 octobre 1902, Hermann Einstein meurt à Milan, à l'âge de cinquante-cinq ans. Albert reçoit là le plus grand choc de sa vie. Mais il est désormais libre d'officialiser l'union à laquelle son père et sa mère se sont farouchement opposés, au motif que Mileva, trop « intellectuelle », serait incapable de tenir une maison.

Trois mois plus tard, le 6 janvier 1903, le mariage est célébré. Les deux témoins sont Conrad Habicht, un jeune mathématicien suisse qu'Einstein a connu au Polytechnicum, et Maurice Solovine, un étudiant en philosophie d'origine roumaine qui a fait la connaissance d'Albert en répondant à une petite annonce où celui-ci proposait « des leçons de physique à trois francs de l'heure ». Le repas de mariage réunit les quatre convives dans un petit restaurant de Berne. Et le voyage de noces consiste, lui, en une simple promenade à pied, du restaurant jusqu'au domicile des Einstein, au 49 de la Kramgasse, dont Albert, distrait comme à son habitude, a malencontreusement égaré la clé. Transis de froid, les jeunes mariés sont réduits à réveiller le propriétaire, lequel habite heureusement l'immeuble.

Durant les mois qui ont précédé la noce, Einstein et ses deux amis ont pris l'habitude de se retrouver pour discuter ensemble de physique jusque tard dans la nuit, en buvant du café, en mangeant des saucisses et du fromage. Il leur arrive aussi de partir pour de longues marches dans les environs de Berne. En mai 1902, ils ont créé une parodie d'académie, réduite à trois membres, dans le but de « se divertir aux dépens de [ses] grandes vieilles sœurs bouffies d'orgueil [1] », et ils l'ont malicieusement baptisée l'« Académie Olympia ». Ensemble, ils étudient et discutent les œuvres de scientifiques et de philosophes : Ernst Mach, qui, dans *La Mécanique et son développement*, for-

1. Lettre d'Albert Einstein à Maurice Solovine, datée du 3 mai 1953.

mule une critique globale de la conception newtonienne d'espace absolu ; Henri Poincaré, sorte de génie universel qui s'intéresse, comme Einstein, à la question du lien entre temps, espace et mouvement ; Emmanuel Kant, qui considère le temps et l'espace comme de simples « conditions subjectives de notre intuition », dans lesquelles s'ordonnent nos sensations ; et David Hume, qui critique le rationalisme dogmatique et passe pour l'un des meilleurs avocats du scepticisme (on ne peut atteindre la vérité absolue car les idées et impressions humaines sont subjectives). À la fin de sa vie, Einstein reconnaîtra que sans la lecture de tels penseurs il ne serait sans doute pas arrivé à la « solution ».

En janvier 1904, Einstein fait venir à Berne son grand ami Michele Besso, un brillant ingénieur qu'il a connu en 1897, pendant ses études à Zurich. Grâce aux bonnes relations qu'il entretient avec son directeur, il a pu lui obtenir un poste d'expert au Bureau fédéral de la propriété intellectuelle. Einstein apprécie profondément Michele Besso, dont il dira plus tard qu'il était « le catalyseur le plus efficace d'Europe ». Esprit universel, toujours en éveil, à l'affût d'idées nouvelles ou originales, son ami enrichit ceux qui le fréquentent par l'intelligence et la vivacité de sa conversation. Grâce à lui, Einstein met à l'épreuve la solidité de ses arguments. Il s'en sert comme un joueur de tennis d'un mur qui renvoie toutes les balles.

Le 14 mai 1904, Mileva accouche d'un premier fils [1], prénommé Hans Albert, surnommé « Bubi ». Einstein sait se montrer un père affectueux, attentionné et patient.

1. Il s'agissait en fait du deuxième enfant d'Albert et de Mileva. Le 4 février 1901, celle-ci avait accouché en Hongrie, dans la famille de ses parents, d'une fille, prénommée Lieserl, dont aucune trace ne fut jamais retrouvée.

Certains soirs, il travaille à ses calculs sur une petite table en berçant son fils, ou encore il l'installe sur ses genoux en le maintenant d'une main et en écrivant de l'autre. Mais son esprit, le plus souvent, est ailleurs. En vérité, le jeune papa ne pense qu'à la physique.

Sans que personne le sache encore, un nouvel univers se construit là, à Berne, entre langes, brevets et babillages. Son auteur ne va pas tarder à le présenter à la face du monde. Au cours de l'année 1905, au terme d'un cheminement dont l'inspiration demeure mystérieuse, Albert Einstein, cet authentique outsider qui n'appartient ni au sérail universitaire ni à aucune académie officielle, cet ingénieur de vingt-six ans qui travaille depuis trois ans en tant que simple expert technique, rédige cinq articles extraordinaires, dont trois contiennent des idées littéralement révolutionnaires.

Le plus connu de tous, « À propos de l'électrodynamique des corps en mouvement [1] », Einstein l'envoie à la fin du mois de juin à *Annalen der Physik*, la plus prestigieuse des revues scientifiques allemandes. Il y expose de façon limpide les fondements de ce qu'on appellera plus tard la théorie de la relativité restreinte [2], qui bouleverse les concepts d'espace et de temps.

1. *Annalen der Physik*, 17, 1905, p. 891-921.

2. En 1905, Einstein ne parlait pas de « théorie de la relativité », mais de « principe de relativité ». En 1906, Max Planck parlerait dans l'une de ses conférences de « théorie relative » (*Relativtheorie*). La première personne à avoir utilisé l'expression « théorie de la relativité » est sans doute le physicien A. H. Bucherer, à la suite de discussions provoquées par la conférence de Planck. Paul Ehrenfest reprit cette formule en 1907, dans l'un de ses articles, et Einstein lui-même l'utilisa dans sa réponse à cet article. L'adjectif « restreinte » fut ajouté en 1915, après qu'Einstein eut énoncé sa théorie de la relativité « générale », qui est une nouvelle conceptualisation de la gravitation.

Qui ne parierait qu'il s'agit là d'un texte tout ce qu'il y a de plus théorique, truffé d'équations absconses accompagnées d'une réflexion très conceptuelle et mâtinée de philosophie ? S'agissant de questions aussi profondes et aussi difficiles à saisir que l'espace et le temps, comment pourrait-il en être autrement ? D'ailleurs, quand on évoque cette période, on présente souvent Einstein comme un chercheur travaillant dans l'abstraction pure, isolé, déconnecté du monde extérieur ; comme un scientifique peu soucieux d'envisager les éventuelles applications de ses idées et qui, sans prêter attention au bruit qui règne autour de lui, s'attache exclusivement à repenser les fondements mêmes de la physique. Mais, là comme ailleurs, il convient de se méfier des vulgates et des clichés. Car la réalité est autrement complexe.

D'abord, nous l'avons vu, Einstein n'est pas tout à fait seul. Au Bureau fédéral de la propriété intellectuelle, il a d'interminables discussions avec Michele Besso, devenu son plus proche collaborateur. Et souvent, le soir, il rejoint ses compères du groupe Olympia, quitte à délaisser Mileva et son enfant. Car ces échanges sont vitaux pour lui. Dès que la fréquence des réunions vient à baisser, Einstein est le premier à ranimer l'ardeur des « académiciens » en vue d'une lecture en commun de grands ouvrages classiques ou contemporains : le *Traité de la nature humaine* de Hume, le *Système de logique inductive et déductive* de Stuart Mill, les dialogues de Platon, *Nature et signification des nombres* de Richard Dedekind, *L'Éthique* de Spinoza, ou encore *La Science et l'Hypothèse* d'Henri Poincaré.

Ensuite, la première partie de l'article, même s'il demeure un sommet de la pensée spéculative, est rédigée comme une sorte de… brevet [1] ! Elle est en effet structurée comme la réponse à une préoccupation d'ordre technique portée par le contexte social et politique de l'époque : le fameux problème de la synchronisation des horloges à distance, sous-entendu *immobiles* les unes par rapport aux autres, problème qu'Einstein va étendre aux horloges en déplacement relatif, les montres par exemple. En ce sens, le travail d'Einstein mérite qu'on pose sur lui un double regard : il procède incontestablement du coup de génie d'un individu particulier, doté d'une force de frappe et de « basculement » tout à fait singulière, mais il apparaît *aussi* comme l'écho élargi d'une préoccupation collective.

Premier indice invitant à penser que l'article d'Einstein a été rédigé comme un brevet : la forme même du texte n'est déjà pas ordinaire. Les mathématiques utilisées sont élémentaires, du moins dans les premières pages ; il n'y a pas de notes en bas de page, aucune référence à quelque article ou expérience scientifique. Einstein discute des processus physiques très simples, tels que le comportement des horloges, des règles et des corps en mouvement libre. C'est ainsi qu'il en arrive, à propos de la simultanéité, à poser des questions en apparence naïves, comme si ses préoccupations n'étaient que d'ordre pratique : « Que signifie la phrase : tel train arrive ici à 7 heures ? » s'interroge-t-il. Cela signifie, répond-il, que « le passage de la petite aiguille de ma montre sur le 7 et l'arrivée du train sont des événements simultanés ». Pourquoi diable serait-il si important d'expliciter ce que nous voulons dire quand nous disons qu'il est 7 heures

1. Ce point a été mis en avant par l'historien des sciences Peter Galison. Voir, par exemple, son article « Le train fantôme de la relativité restreinte », *La Recherche*, hors-série n° 5, *Le Temps*, avril 2001, p. 30-35.

quelque part ? Il y a une naïveté qui confine à la perspicacité…

Le deuxième indice provient du contexte historique. Car de quoi parlent les brevets que le futur père de la relativité restreinte expertise à longueur de journées ? De… synchronisation d'horloges, d'événements simultanés, de coordination d'horaires de chemin de fer ! Certes, les ingénieurs savent déjà comment on peut unifier l'heure dans une même ville, mais il s'agit maintenant de mettre au point des systèmes plus perfectionnés, permettant d'étendre la synchronisation à toutes les gares et à toutes les villes du pays, quelle que soit la distance entre elles. Galvanisés par l'enjeu, stratégique autant que technologique, les ingénieurs suisses débordent d'inventivité. Et où envoient-ils leurs demandes de brevet ? Au Bureau de la propriété intellectuelle de Berne !

La plupart des demandes arrivent sur le bureau d'Einstein, précisément chargé de l'évaluation des brevets « électromagnétiques ». Entouré de quelques collègues, juché sur un tabouret en bois, il les décortique. Car il n'exerce pas simplement son travail d'expert pour faire bouillir la marmite familiale.

C'est d'ailleurs en étudiant minutieusement le principe physique sous-jacent de chaque brevet qu'il finit par comprendre que quelque chose ne tourne pas rond dans l'interprétation traditionnelle de l'électromagnétisme : lorsqu'on essaie de décrire, par exemple, l'interaction entre un aimant et un conducteur, la théorie fait appel à une force électrique si c'est l'aimant qui est en mouvement, mais à une force magnétique si c'est au contraire le conducteur qui se déplace. L'apparition du « courant induit », phénomène pourtant unique, reçoit ainsi deux explications différentes, *a priori* difficiles à harmoniser [1]. Or Einstein refuse par principe de telles redondances dans l'interprétation d'un phénomène physique. Question d'élégance. Pour lui, elles sont le signe d'une incohérence dans la théorie, ou bien l'écho d'une asymétrie dans ses principes. Cette asymétrie, il parvient à la faire disparaître en postulant la mort de l'éther, ce milieu censé servir de support à la propagation de la lumière et qui constitue une pièce centrale des théories physiques de la fin du XIXe siècle, et il explicite les conséquences de cet acte dont il a bien perçu le caractère révolutionnaire. Ni le temps, ni l'espace, ni la simultanéité ne s'en remettront tout à fait. Du moins ces trois notions perdent-elles dès lors leur caractère absolu.

C'est là toute l'ironie de l'histoire : la théorie de la relativité restreinte a anéanti le rêve du baron von Moltke, du moins celui d'un temps absolu, universalisable, qu'une horloge berlinoise pourrait imposer à toutes les autres. Certes, l'unification des horloges statiques, celles des gares par exemple, reste possible, mais des horloges en mouvement les unes par rapport aux autres ne peuvent pas demeurer synchrones. Toutes finiront par donner des heures différentes, et aucune de ces horloges ne pourra être désignée comme l'horloge « maîtresse », c'est-à-dire l'horloge dont le temps propre serait plus « fondamental » que celui des autres. Avec la relativité restreinte, il n'y a plus de hiérarchie qui tienne entre les chronomètres.

1. Selon la théorie de Maxwell telle qu'interprétée à l'époque, lorsqu'un circuit électrique fermé est en mouvement dans un champ magnétique au repos, il se crée une force électromotrice qui génère un courant électrique. Lorsque c'est le champ magnétique qui est en mouvement (avec l'aimant), apparaît un courant induit dans le circuit électrique au repos. Les effets sont les mêmes, mais les explications théoriques différentes.

Mais avant de voir en quoi consiste précisément la théorie de la relativité, arrêtons-nous un instant sur le fait que tout ce travail théorique, Einstein le réalise alors qu'il passe huit heures par jour à lire et relire des brevets dans lesquels il est sans cesse question d'électromagnétisme. Qu'est-ce à dire ? Que des préoccupations d'ordre industriel peuvent sinon déterminer, du moins accompagner de très près une refonte des concepts les plus importants de la physique. Dans la genèse compliquée de la relativité restreinte, la synchronisation des horloges, qui préoccupait l'Europe entière à cette époque, a joué un certain rôle, ne serait-ce que parce qu'elle symbolisait un monde moderne *en train* de s'interconnecter à grande vitesse. Dans ce contexte, le Bureau de la propriété intellectuelle a permis à Einstein de disposer d'un fauteuil de première classe d'où observer la grande parade des technologies et fertiliser ses propres réflexions théoriques.

Un tel contexte n'est pas anodin. Sa prise en compte peut changer notre regard rétrospectif. Einstein, ce scientifique prétendument détaché des applications pratiques, ne devrions-nous pas le considérer aussi comme un ingénieur attentif et scrupuleux dont les préoccupations se réfractaient dans les mécanismes et les appareils techniques les plus symboliques de son époque ? Ne serait-ce pas plutôt cette intelligence multidimensionnelle, à la fois scientifique, philosophique et technique, qui a fait merveille ?

Ce serait rendre justice à Einstein, mais aussi à la science. Car la légende dissimule la préoccupation technique qui a servi d'échafaudage à l'élaboration de sa théorie. Elle répand et promeut l'idée d'une science désintéressée, dont découleraient en cascade des progrès techniques qui le seraient moins. Or cette thèse ne tient pas davantage que la conception opposée, selon laquelle la science ne serait rien de plus qu'un savoir technique, qui ne vaudrait que par ses effets. La science n'est intrinsèquement ni théorique ni pratique : ces deux facettes, conceptuelle et technique, sont tissées ensemble en une sorte de *continuum*.

Même si cela peut surprendre, la carrière d'Einstein illustre bien cette inséparabilité. Car après être devenu le plus célèbre des physiciens théoriciens, il publie de véritables brevets, en bonne et due forme. En 1908, toujours employé au Bureau fédéral de la propriété intellectuelle, il collabore étroitement avec Paul Habicht (le jeune frère de Conrad, qui préparait le café des académiciens d'Olympia) à la réalisation d'un voltmètre capable de mesurer avec précision de très faibles tensions, de l'ordre du dix millième de volt. L'appareil, baptisé « multiplicateur de potentiel Einstein-Habicht », fait l'objet de deux publications dans la *Physikalische Zeitschrift*. Et, pour la plus grande fierté de ses deux inventeurs, il est commercialisé à partir de 1912.

Cinq ans plus tard, alors qu'il vient de mettre un point final à une nouvelle théorie de la gravitation, Einstein conçoit, à partir de calculs de dynamique des fluides, un profil d'aile d'avion censé assurer une portance maximale pour une traînée minimale. Un prototype est réalisé dans un hangar de l'aérodrome d'Aldershof, qu'on fixe au fuselage d'un biplan, mais les essais ne sont pas concluants. Comment Einstein remercie-t-il les ingénieurs qui ont pris part à l'expérience ? En leur faisant une conférence… sur la relativité restreinte !

Au début des années 1920, alors qu'il est depuis six ans professeur à l'université de Berlin, et donc de plain-pied dans le monde académique, Einstein fait la connaissance d'Antonina Vallentin, une femme de lettres qui rédigera plus tard sa biographie, *Le Drame d'Albert Einstein*. Elle y relate « la fascination que le travail de laboratoire exerça sur lui ». Par exemple, elle se souvient de l'avoir vu discuter avec un ingénieur des Ponts et Chaussées du profil des arches d'un pont susceptible d'offrir une meilleure répartition des efforts. Elle ajoute : « Son intérêt se trouve tout d'un coup accroché par des exposés de spécialistes, des questions qu'on croirait étrangères à ses préoccupations, des secrets de petit métier, un outil perfectionné. Il a un goût très vif pour tout ce qui est ingénieux sur le plan matériel, une tendance de bricoleur [1]. »

Rien de surprenant. Cette « tendance de bricoleur », Einstein l'avait déjà, de son propre aveu, lorsqu'il était étudiant à Zurich : « Je travaillais le plus souvent dans le laboratoire de physique, fasciné, passionné par le contact direct avec l'expérience [2]. » Et elle ne l'a pas quitté. À Berlin, entre 1925 et 1926, délaissant les voltmètres et les aéroplanes, il conçoit avec son ami le physicien Léo Szilard plusieurs types de nouveaux réfrigérateurs permettant de limiter les risques d'asphyxie par les gaz réfrigérants – à l'époque, ces substances très toxiques provoquaient de graves accidents. Leur idée est d'éviter l'emploi de pièces mécaniques mobiles et d'utiliser des fluides moins dangereux. Les recherches des deux compères, fins connaisseurs des lois de la thermodynamique, débouchent sur trois nouveaux types de réfrigérateurs : le premier utilise un système à absorption, le deuxième un

1. Antonina Vallentin, *Le Drame d'Albert Einstein*, Paris, Plon, 1954, p. 66.

2. Albert Einstein, *Autoportrait*, Paris, InterÉditions, 1980, p. 56.

système à diffusion, le troisième un système électromagnétique fondé sur une « pompe électromagnétique » totalement hermétique. La vérité oblige à dire qu'aucun de ces appareils ne fut jamais commercialisé. D'une part, l'invention de réfrigérants plus sûrs les a rendus rapidement obsolètes ; d'autre part, la crise économique de 1929 réduisit à néant toute possibilité d'investissements. Enfin, au dire du physicien hongrois Dennis Gabor [1], venu assister à la démonstration d'un prototype, l'appareil « hurlait comme un chacal [2] »...

Mais la pompe électromagnétique d'Einstein, elle, a survécu à plusieurs décennies d'innovations technologiques : elle est aujourd'hui utilisée pour transporter le sodium servant à refroidir un certain type de réacteurs nucléaires, ceux qu'on appelle des surgénérateurs.

Pendant les sept ans que dure leur collaboration, Einstein et Szilard ne déposent pas moins d'une quarantaine de brevets, dont la vente des licences arrondit les fins de mois de Szilard, qui n'occupe alors qu'un modeste poste universitaire. Tous ne traitent pas de problèmes de réfrigération. L'un d'eux concerne par exemple un appareil de correction auditive.

1. Né à Budapest en 1900, Dennis Gabor a obtenu un doctorat de génie électrique à Berlin, en 1927, puis a travaillé chez Siemens, avant de fuir l'Allemagne nazie. En 1971, il a obtenu le prix Nobel de physique pour l'invention de l'holographie, sorte de photographie à trois dimensions dont les principes lui apparurent de façon soudaine, un beau jour de 1947, alors qu'il attendait son tour pour disputer une partie de tennis. Esprit touche-à-tout, il fut l'auteur de plus d'une centaine de brevets. De fait, le prix Nobel de physique n'est que rarement donné à de purs théoriciens.

2. Cité dans le numéro consacré à Einstein de la collection « Les génies de la science », *Pour la science*, mai-août 2002, p. 84.

Mais aucun de ces brevets, bien sûr, n'a eu un écho comparable à la théorie de la relativité restreinte, dont les retombées, conceptuelles aussi bien que pratiques, sont considérables. Pour comprendre cette théorie, il faut dépasser le contexte de la seule année 1905 et évoquer l'histoire plus générale des concepts fondamentaux. La physique de la fin du XIXe siècle s'appuyait sur deux piliers : la mécanique newtonienne d'une part, l'électromagnétisme de Maxwell d'autre part. Chaque théorie semblait exacte, mais leurs principes étaient incompatibles.

La mécanique newtonienne se fonde sur le principe de relativité, énoncé pour la première fois par Giordano Bruno et repris ensuite par Galilée. Qu'est-ce à dire ? Dans un avion se déplaçant à sa vitesse de croisière – Bruno et Galilée ne parlaient évidemment pas d'avion, mais de navire –, les choses se déroulent de la même façon qu'au sol, lorsque l'avion est à l'arrêt. Par exemple, si une hôtesse laisse échapper un verre d'eau, celui-ci tombe exactement de la même façon dans l'avion que si l'incident se produisait dans une cafétéria. Plus généralement, aucune expérience de physique ne permet de savoir si l'on se trouve dans l'avion en vol ou à l'arrêt au sol (du moins tant que l'avion se déplace à vitesse constante et en ligne droite). Le mouvement de l'avion est donc « comme rien », pour parler comme Galilée. Une sorte d'équivalence unifie tous les référentiels [1], puisque les phénomènes physiques y ont la même allure et les lois physiques la même forme. Il n'existe donc pas un référentiel particulier qu'on pourrait distinguer des autres en considérant qu'il est immobile

1. En physique, un référentiel est un système d'axes de coordonnées – trois d'espace, une de temps – auquel sont rapportées les diverses grandeurs physiques.

dans l'absolu. En effet, ce référentiel pourra toujours être considéré comme mobile par rapport à d'autres référentiels ayant exactement le même statut. Rien n'est donc immobile dans l'absolu : tout bouge.

Quant à la théorie de l'électromagnétisme, elle explique que la lumière est constituée d'ondes. Or une onde, selon la conception d'un savant d'avant 1905, c'est un phénomène qui progresse en faisant vibrer quelque chose du milieu dans lequel il se propage. Dans le cas d'une vague, c'est l'eau qui vibre ou, plus exactement, la surface de l'eau. Dans le cas de la lumière, pense-t-on, ce qui vibre, c'est l'éther. On imagine donc que l'univers est rempli jusque dans ses moindres recoins d'un milieu particulier, l'éther, dont l'existence semble nécessaire à la propagation de la lumière. Comment ce milieu se conjugue-t-il à la matière ? De quoi est-il fait ? Est-il pesant, solide, liquide, élastique ? La théorie électromagnétique ne se hasarde qu'à des réponses bien « vagues », pour le coup : l'éther est sans doute incolore, probablement sans poids... Peu à peu, au cours des dernières années du XIXe siècle, il se trouve dépouillé de presque toutes les propriétés physiques qu'on lui avait attribuées au départ pour n'en conserver qu'une : l'immobilité absolue. L'éther doit être un milieu absolument immobile. Or cette conclusion heurte de plein fouet le principe de relativité, fondateur de la mécanique, l'autre pilier de la physique...

D'où le dilemme : ou bien on prend au sérieux la théorie électromagnétique, et on abandonne du même coup le principe de relativité ; ou bien on prend au sérieux le principe de relativité, et on doit alors s'affronter au problème de l'éther.

Ce second choix est celui de notre expert du Bureau fédéral de la propriété intellectuelle. Prolongeant les réflexions d'Henri Poincaré [1], de Hendryk Lorentz [2] et de quelques autres, il résout le problème d'une façon inattendue, en proclamant tout simplement que l'éther est une entité « superflue » qui pose davantage de problèmes qu'elle n'en résout, et qu'il vaut donc mieux considérer qu'il… n'existe pas ! En conséquence, la propagation de la lumière ne résulte nullement de la mise en branle d'un milieu : elle se produit dans le vide et rien ne vibre à son passage si ce n'est elle-même, plus exactement, les ondes électromagnétiques qui la constituent.

Il fallait y penser : en supprimant l'éther, on supprime du même coup le problème que posait son existence… Mais cette « mise à mort » n'est pas sans conséquences. Une fois proclamée, elle oblige Einstein à remanier la formulation galiléenne du principe de relativité : l'espace, le temps et la simultanéité en seront pour leurs frais.

Dès qu'il est question de temps physique nous vient à l'esprit un temps absolu universel, partout le même, qui s'écoule identiquement en tout point de l'univers. Ce temps-là, indépendant de l'espace, autonome par rapport aux phénomènes physiques, indifférent au mouvement, est appelé temps newtonien. Il donne au mot « maintenant » un sens parfaitement clair : ce qui se passe « maintenant » pour moi se passe également « maintenant » pour tous les autres observateurs dans l'univers. En d'autres termes, le concept de simultanéité est absolu : à tout instant, deux

1. Henri Poincaré (1854-1912) formula une théorie de l'électromagnétisme proche à certains égards de la relativité restreinte d'Einstein. Il fut également l'un des fondateurs de la topologie et fit faire des progrès décisifs à la géométrie analytique, à l'étude des équations différentielles et à la mécanique céleste.

2. Hendryk Lorentz (1853-1928), physicien hollandais, auteur d'une théorie des électrons fondée sur la théorie électromagnétique de Maxwell, prix Nobel de physique en 1902.

observateurs peuvent synchroniser leurs montres, et à tout instant ultérieur les deux montres demeurent synchronisées quels que soient les déplacements et les vitesses des deux observateurs en question puisque toutes deux sont en phase avec le temps newtonien. Deux événements qui apparaîtront simultanés aux yeux d'un observateur le seront donc également pour tous les autres.

Mais que dit Einstein dans son article de juin 1905 ? Que le temps physique n'est pas newtonien, qu'il faut donc oublier tout cela. En couplant le temps à l'espace, de façon quasi conjugale, l'expert du Bureau de la propriété intellectuelle brise l'autonomie de l'un et de l'autre et modifie subséquemment leurs propriétés. L'espace acquiert un nouveau statut, celui de partenaire du temps. Le concept de simultanéité ne s'est jamais remis de cette association. Dans le camp des préjugés, il est en effet la première victime de l'assaut relativiste.

En 1902 déjà, dans *La Science et l'Hypothèse*, livre qu'Einstein avait lu très attentivement [1], Henri Poincaré expliquait que la notion de simultanéité, pourtant évidente au premier abord, posait en réalité de terribles problèmes [2]. En fait, seule la simultanéité de deux événements concomitants a un sens physique clair. Il faut qu'il y ait un choc,

1. En mars 1952, dans une lettre à Michele Besso, Einstein s'est souvenu de l'effet que le livre de Poincaré avait eu sur lui. (Albert Einstein, *Correspondance avec Michele Besso, 1903-1955*, Paris, Hermann, 1979, p. 272.)

2. Poincaré écrit notamment dans son livre : « Il n'y a pas de temps absolu ; dire que deux durées sont égales, c'est une assertion qui n'a par elle-même aucun sens et qui n'en peut acquérir un que par convention. Non seulement nous n'avons pas l'intuition directe de l'égalité de deux durées, mais nous n'avons même pas celle de la simultanéité de deux événements qui se produisent sur des théâtres différents » (*La Science et l'Hypothèse*, Paris, Flammarion, 1902, p. 111-112).

une rencontre en un même point de l'espace : si vous heurtez votre voisine au coin de la rue, vous savez, et elle aussi bien que vous, que cela s'est produit au même instant et dans le même lieu. La concomitance est même l'une des rares notions qui soient indiscutables. Mais c'est un autre problème que de parler de simultanéité *à distance*, car il faut alors qu'un signal transporte l'information d'un lieu à un autre à une certaine vitesse. Comment définir cette vitesse de transmission ? Peut-on utiliser des signaux lumineux ? On voit, à travers cette simple question, que la notion de simultanéité à distance ne va plus de soi. Pour lui donner un sens, il convient de lui associer un protocole expérimental, une convention pratique, même si, dans la vie de tous les jours, nous vivons comme si le temps était newtonien et croyons pouvoir dire sans aucune ambiguïté que deux événements sont ou ne sont pas simultanés, qu'ils se passent l'un à Paris, l'autre à Berne, l'un dans un train, l'autre sur la Lune, voire sur Mars.

Dans son article de juin 1905, Einstein, lui, a repris l'argumentation de Poincaré et n'hésite pas à poser une de ces questions basiques mais essentielles : quel sens cela a-t-il de déclarer simultanés deux événements distants ? Qu'est-ce que cela signifie, pour un observateur éloigné, de savoir qu'un train arrive dans telle gare à 7 heures ? Et que se passe-t-il s'il est lui-même *en mouvement* par rapport à la gare ? De façon plus générale, qu'est-ce précisément que la simultanéité ? Est-ce une notion dont nous avons vraiment besoin ? Einstein veut comprendre ce qui se passerait pour la physique si nous choisissions de l'en débarrasser.

La réponse lui vient sous la forme d'une illumination, un beau matin du mois de mai 1905, au réveil, après une longue soirée de discussion avec Michele Besso [1] : « Je compris soudain où se trouvait la clé du problème. Ma solution, c'est une analyse nouvelle du concept de temps. Le temps ne peut pas être défini de manière absolue, et il existe une relation inséparable entre le temps et la vitesse du signal [2]. » Einstein vient de comprendre que le temps n'est pas indépendant du mouvement dans l'espace.

Qu'est-ce que cela signifie ? Toute définition de la simultanéité de deux événements en deux lieux séparés doit s'appuyer sur une mesure : il faut pouvoir placer, sur les lieux des événements, des horloges indiquant la même heure, c'est-à-dire des horloges synchronisées. Pour réaliser cette synchronisation, on peut envisager deux méthodes simples, qui ont d'ailleurs leur pendant dans notre expérience quotidienne. L'une d'elles est le modèle classique du réglage des montres dans les films policiers : les différents protagonistes se rencontrent pour régler leurs montres sur la même heure, puis chacun d'eux part accomplir sa mission. Cette méthode soulève toutefois un problème de principe : elle n'est valable que si le temps est newtonien, c'est-à-dire indépendant de la vitesse relative des différents porteurs des montres. Si ce n'est pas le cas, le déplacement des uns par rapport aux autres peut désynchroniser les montres. La seconde méthode est un signal lumineux : les montres sont mises à l'heure par réception d'un signal électromagnétique émis à un moment convenu à partir d'un lieu fixe. Cette seconde possibilité semble s'imposer de façon naturelle si l'on

1. Michele Besso est la seule personne qu'Einstein remercia « pour ses suggestions pertinentes » dans son article sur la relativité.

2. Einstein, « Kyoto Lecture », 14 décembre 1922, *Physics Today*, août 1982, p. 46. Cité par Albrecht Fölsing, *Albert Einstein*, New York, Viking, 1997, p. 155.

admet le principe que pose Einstein dans son article : la vitesse de la lumière (qui est aussi celle des ondes électromagnétiques) demeure invariante lorsqu'on change de référentiel. Elle est indépendante de la vitesse de la source de lumière et de la vitesse de l'observateur par rapport à la source. Un signal électromagnétique émis à partir d'un point donné se propage à la même vitesse dans toutes les directions et pour tous les observateurs. Si ce principe est valable, une synchronisation correcte devient possible : à partir du point choisi, un signal électromagnétique est émis à un instant initial convenu ($t = 0$) et toutes les montres se trouvant à la distance d connue de ce point sont réglées sur l'heure d/c au moment de la réception du signal (c désignant la vitesse de la lumière, d/c représentant le temps mis par le signal électromagnétique pour parcourir la distance d). De cette façon, toutes les horloges statiques peuvent être synchronisées et le demeureront.

Mais que se passe-t-il si l'une des horloges se déplace à vitesse constante par rapport aux autres ? Son temps propre, initialement identique à celui de ses consœurs, va se décaler peu à peu. En conséquence, nous ne pouvons plus parler de l'univers comme d'une sorte de métronome universel puisque existent désormais autant d'horloges qu'il y a d'objets en mouvement uniforme. On ne peut pas les synchroniser de façon pérenne : il est certes possible d'ajuster leurs aiguilles à un certain moment, mais les heures indiquées cesseront de coïncider quelques instants plus tard. Chaque observateur constatera que les durées indiquées par les montres autres que la sienne seront dilatées. C'est ce qu'on appelle le « ralentissement des horloges » en déplacement.

Mais l'histoire ne s'arrête pas là. Au cours de l'été 1905, Einstein fait une découverte parfaitement inattendue, bien qu'elle se situe dans le droit-fil de sa théorie de la relativité. Il écrit une lettre à Conrad Habicht dans laquelle il explique que son article de juin a une autre implication : « Le principe de relativité, associé aux équations de l'électromagnétisme, impose que la masse d'un corps soit une mesure directe de l'énergie qu'il contient [...]. La chose est plaisante à considérer, mais le bon Dieu n'est-il pas en train d'en rire et me mène-t-il par le bout du nez ? Ça, je suis incapable de le savoir [1]. » Quelques semaines plus tard, en septembre 1905, Einstein adresse à la revue *Annalen der Physik* un article intitulé « L'inertie d'un corps dépend-elle de son mouvement ? ». Cet article de seulement trois pages contient l'équation $E = mc^2$, sans doute la plus célèbre de toute l'histoire de la physique, mais écrite alors avec des notations différentes : le père de la relativité y note V la vitesse de la lumière (au lieu de c), et L l'énergie (au lieu de E) [2].

En réalité, les calculs de cet article démontrent une seule chose : un corps émettant des ondes électromagnétiques perd nécessairement de la masse. Mais Einstein tend à attribuer à ce résultat une portée universelle. La masse d'un corps représente, explique-t-il, une mesure de son contenu en énergie. En conséquence, si ce corps perd de l'énergie, sous n'importe quelle forme, il perd aussi de la masse.

D'un point de vue conceptuel, il s'agit là encore d'un résultat révolutionnaire. La masse, qui jusqu'alors ne

1. Lettre d'Albert Einstein à Conrad Habicht, été 1905, dans *Œuvres choisies*, vol. 2, *Relativités I : relativités restreinte et générale*, sous la direction de F. Balibar, Paris, Seuil/CNRS, 1993, p. 59-60.

2. Albert Einstein, *Annalen der Physik*, 18, 1905, p. 639-641. Ce n'est qu'en 1912 qu'Einstein donna à sa formule la forme que nous lui connaissons aujourd'hui : $E = mc^2$.

mesurait que la quantité de matière contenue dans un corps, mesure donc *aussi* son contenu en énergie. Tout corps massif se voit ainsi doté d'une « énergie de masse ». Et cette équivalence entre masse et énergie, précise Einstein, se déploie par l'entremise de la vitesse de la lumière (élevée au carré), qui apparaît en l'occurrence comme un véritable « synthétiseur de concepts [1] » : elle unifie deux concepts jusque-là parfaitement séparés. Mais dans cette mise en correspondance, son statut change irrémédiablement. D'abord, la vitesse de la lumière se voit attribuer un rôle plus large que celui d'une vitesse associée à des déplacements, puisque l'équivalence qui s'établit là entre la masse et l'énergie ne fait aucune référence à quelque mouvement que ce soit : même immobile, au repos, un corps massif contient de l'énergie. Ensuite, la vitesse de la lumière intervient de façon explicite dans tous les processus physiques, y compris ceux dans lesquels la lumière ne joue aucun rôle ! Grâce à Einstein, la vitesse de la lumière devient une véritable constante *universelle* de la physique.

Mais si l'équivalence entre la masse et l'énergie est si constitutive, pourquoi ne la percevons-nous pas dans la vie quotidienne ? Tout simplement parce qu'elle est disproportionnée au regard des ordres de grandeur dont nous sommes familiers. Le moindre grain de poussière est bien un prodigieux réservoir d'énergie, mais cette énergie contenue dans sa masse nous est en général cachée.

Deux exemples empruntés à la vie de tous les jours nous permettront de comprendre quantitativement com-

1. Pour reprendre une expression de Jean-Marc Lévy-Leblond dans *Aux contraires. L'exercice de la pensée et la pratique de la science*, Paris, Gallimard, coll. « NRF essais », 1996, p. 166.

ment les choses se passent. Une ampoule allumée rayonne de la lumière, donc de l'énergie, et subit par là même une perte de masse. Mais c^2, le carré de la vitesse de la lumière, est tellement grand que même en demeurant allumée pendant des siècles, l'ampoule ne perdrait que quelques microgrammes, c'est-à-dire très peu par rapport à sa masse de départ. Si l'on choisit maintenant le cas d'une plaquette de beurre d'une demi-livre (ou n'importe quel objet de masse équivalente), la formule d'Einstein énonce froidement que cette masse équivaut à une énergie de masse de 22,5 millions de milliards de joules, à comparer au 0,125 joule que représente l'énergie cinétique de cette même plaquette chutant à la vitesse d'un mètre par seconde. Autrement dit, l'énergie de masse d'un morceau de matière ordinaire – ou, si l'on préfère, son contenu énergétique – est tellement grande que les modifications d'énergie qu'on peut lui imposer, en l'accélérant ou en le chauffant, sont infimes comparées à elle.

Mais si la formule d'Einstein a pu devenir le symbole de la physique du XXe siècle, c'est parce que, depuis 1905, les physiciens sont parvenus à explorer, et parfois à exploiter de façon industrielle, des situations dans lesquelles $E = mc^2$ a des effets tangibles : celles dans lesquelles une fraction notable de la masse peut se convertir en énergie et celles dans lesquelles c'est l'énergie qui devient matière.

Ils ont commencé par comprendre que, lorsqu'ils font le bilan d'énergie de n'importe quel processus physique, ils doivent prendre en compte le fait que tout corps, même au repos, contient une certaine énergie de masse. Ainsi, dans une réaction nucléaire, les masses ne sont généralement pas conservées, et les pertes de masse constatées traduisent une libération d'énergie.

Songeons par exemple aux noyaux d'uranium 235 qu'on trouve dans les centrales nucléaires et dans certaines bombes atomiques. Lorsqu'ils sont percutés par un neutron, ils s'agitent soudain, se déforment et s'étirent au point de trouver une forme nettement plus stable, celle composée de deux fragments distincts. Autrement dit, ils subissent une fission qui produit deux noyaux plus légers, dont la somme des masses est toujours plus petite que la masse du noyau de départ. Ce défaut de masse, donc cette perte d'énergie de masse, se traduit en vertu de la formule d'Einstein par une libération d'énergie, qui est à l'origine de l'« énergie nucléaire ». Cette énergie, récupérée sous forme de chaleur, peut être transformée en courant électrique. C'est ainsi qu'en France une grande part de l'électricité, vouée à nous éclairer et à nous chauffer, provient de la fission amaigrissante que subissent d'innombrables noyaux d'uranium 235.

Un raisonnement du même type, mais mettant en jeu la fusion des noyaux plutôt que leur fission, permet de comprendre le processus par lequel les étoiles rayonnent de la lumière. Ainsi, le Soleil passe le plus clair de son temps à transformer de la masse en énergie, par le biais de réactions de fusion nucléaire, lesquelles ont été identifiées dans les années 1930 par Hans Bethe. En son cœur, ce ne sont pas moins de 620 millions de tonnes d'hydrogène qui, à chaque seconde, sont transformées en 615 millions de tonnes d'hélium. Cette différence de masse est convertie en énergie rayonnée vers l'extérieur. C'est ainsi que notre Soleil « brille ».

Mais il existe aussi, bien sûr, des situations dans lesquelles l'énergie se transforme en masse, et non plus l'inverse. Là encore, deux exemples devraient suffire. Le premier est emprunté à la cinématique, plus exactement au lien qui existe entre vitesse et énergie cinétique. Lorsque nous circulons en voiture ou même voyageons en avion, l'énergie cinétique du véhicule nous transportant croît comme le carré de sa vitesse. L'accélérer, c'est donc augmenter à la fois sa vitesse et son énergie cinétique. Mais dans le contexte de la relativité restreinte, qui envisage des déplacements beaucoup plus rapides que ceux à notre portée, une certaine vitesse apparaît comme indépassable pour une particule qu'on tente d'accélérer. Cette vitesse est identifiée à la vitesse de la lumière dans le vide. Ce phénomène provient de ce que, au fur et à mesure que sa vitesse et son énergie augmentent, la particule oppose à toute modification de son mouvement une inertie de plus en plus grande (précisément égale à E/c^2). Autrement dit, elle résiste de plus en plus à l'effort fait pour l'accélérer : plus elle va vite, plus il est difficile de la faire aller encore plus vite. Si sa vitesse en vient à presque atteindre celle de la lumière, comme cela se produit couramment dans les accélérateurs de particules, on peut même lui conférer de l'énergie cinétique sans modifier notablement sa vitesse. En somme, on l'accélère pratiquement à vitesse constante, même si cette expression peut sonner bizarrement à nos oreilles newtoniennes.

Le second exemple concerne la dynamique des chocs très violents que peuvent subir les particules, par exemple au sein des « collisionneurs » qu'utilisent aujourd'hui les physiciens. Presque toute l'énergie cinétique des particules qui entrent en collision est convertie en matière : elle se transforme en de nombreuses autres particules massives, à durées de vie généralement très courtes. À bien y réfléchir, il se produit là quelque chose qui défie le sens commun : une propriété d'un objet, en l'occurrence la vitesse des particules incidentes, est capable de se transformer en d'autres objets, en l'occurrence de nouvelles particules ! C'est un peu comme si la hauteur de la tour Eiffel, qui n'est qu'un attribut de cette tour, pouvait se transformer en d'autres monuments, par exemple en l'Arc de triomphe et en colonne de Buren… Ou comme si la vitesse d'un taxi, à l'occasion d'un carambolage, pouvait céder la place à un vélo et un tracteur…

En clair, avec la théorie de la relativité restreinte, le temps et l'espace sont devenus relatifs. Et avec $E = mc^2$, l'univers des particules s'est offert une ontologie laxiste que les physiciens n'ont pas fini d'étudier.

Singulière trajectoire : un siècle après l'*annus mirabilis* de l'expert de troisième classe du Bureau fédéral de la propriété intellectuelle, physiciens et ingénieurs continuent de cueillir les fruits, conceptuels *et* technologiques, des théories qu'il développa sur le sol mouvant mais fertile de la physique du début du XXᵉ siècle. En définitive, *das liebe Gott*, cette sorte de bon Dieu qu'Einstein invoquait volontiers quand le monde se révélait trop étrange, ne se sera pas vraiment moqué de lui.

III

PAUL DIRAC
OU LA BEAUTÉ SILENCIEUSE DU MONDE

Dans l'œuvre l'homme parle, mais l'œuvre donne voix, en l'homme, à ce qui ne parle pas.

Maurice Blanchot

Qu'on s'en souvienne, je ne jouis pas mais je vis dans la beauté.

Stéphane Mallarmé

Paul Adrien Maurice Dirac fut un grand taiseux. Un presque mutique. Un champion olympique de laconisme. À son sujet, les anecdotes abondent. Elles vont toutes dans le même sens.

En 1931, en séjour à l'université du Wisconsin, Dirac mit un jeune journaliste au bord de la crise de nerfs en répondant ainsi à ses questions :

« Professeur Dirac, j'ai remarqué que vous aviez beaucoup d'initiales devant votre nom de famille : P, A, et M. Ont-elles une signification particulière ?

– Non.

– Vous voulez dire que je peux les interpréter à ma guise ?

– Oui.

– Par exemple, si je disais que les lettres P, A et M signifient Poincaré, Aloysius et Mussolini, cela vous irait ?

– Oui.

– Pouvez-vous me donner des nouvelles de vos recherches ?

– Non.

– Qu'est-ce que vous aimez le plus en Amérique ?

– Les pommes de terre.

– Allez-vous au cinéma ?

– Oui.

– Quand ?

– En 1920.

– ? »

Après un long silence :

« Peut-être aussi en 1930 [1]. »

Dirac ne craignait rien tant que parler à des journalistes, et la réciproque était certainement vraie. On pourrait donc penser que son laconisme leur était réservé, mais la vérité est qu'il ne se montrait guère plus prolixe avec ses collègues physiciens. En octobre 1927, à Bruxelles, lors du cinquième congrès Solvay, qui eut pour thème « Électrons et photons », certains ont pu surprendre cet échange entre Niels Bohr et Paul Dirac :

« Dirac, sur quoi travaillez-vous ?

– J'essaie d'élaborer une théorie relativiste de l'électron.

– Mais Klein [2] a déjà résolu le problème !

1. Cette interview est rapportée dans le livre de Walter Gratzer, *Eurekas and Euphorias. The Oxford Book of Scientific Anecdotes*, *op. cit.*, p. 69.

2. Il s'agit d'Oskar Klein, physicien suédois et grand ami de Niels Bohr, qui, en même temps que Walter Gordon, trouva l'équation qui régit l'évolution, non pas d'un électron, mais d'une particule de spin nul et de masse non nulle.

– Je ne crois pas [1]. »

Fin du dialogue.

Dirac fut-il un peu plus sociable avec les puissants de ce monde que sa célébrité de prix Nobel l'amena à fréquenter ? Il semble que non. Lors d'un dîner mondain donné à Cambridge, au beau milieu de convives qui caquetaient, Dirac se trouvait assis à côté d'un ministre. Connaissant la réputation de grand taciturne de son voisin, l'homme politique hésitait quant à la façon d'engager la conversation. Ce jour-là, le vent soufflait très fort, c'était un vent à décorner les bœufs. Le spectacle d'arbres gigantesques courbés par les bourrasques inspira le brave ministre, qui finit par lâcher : « *Very windy today, isn't it* ? » Dirac se leva sans dire un mot et se dirigea vers la terrasse. Le ministre, interdit, pensa l'avoir offensé. Du regard il suivit le physicien qui ouvrit la porte-fenêtre, fit un pas dehors, huma l'air, puis revint tranquillement s'asseoir à la table et déclara : « *Yes, sir* » [2].

I would prefer not to... talk, aurait pu dire Dirac. Les lecteurs de *Bartleby* comprendront. Mais comment expli-

1. Cette conversation fut rapportée par Dirac lui-même ; voir C. Weiner (dir.), *History of Twentieth Century Physics*, New York, Academic Press, 1977, p. 109.

2. Cette anecdote est rapportée par Rudolf Peierls dans Behram Kursunoglu et Eugene Wigner (dir.), *Dirac's Way. Reminiscences about a Great Physicist : Paul Adrien Maurice Dirac*, New York, Cambridge University Press, 1987, p. 44. Une anecdote du même genre, citée dans ce même livre à la page 52, raconte un voyage en train que Pauli et Dirac firent un jour ensemble. Après une heure de silence de la part de Dirac, Pauli commença à chercher désespérément une remarque grâce à laquelle il pourrait amorcer une conversation. Voyant au loin un troupeau de moutons, il se tourna vers Dirac : « On dirait que ces moutons ont été tondus tout récemment. » Dirac regarda dans leur direction, et répondit : « Au moins de ce côté-ci. »

quer cette parcimonie verbale ? Questionné par l'historien des sciences Thomas Kuhn en mai 1963, l'intéressé proposa sa propre interprétation [1].

Sa famille paternelle était originaire de France, très exactement du village de Dirac, en Charente, qui lui a donné son nom ; elle quitta cette région pendant les guerres napoléoniennes pour s'établir en Suisse, à Genève. Affligé d'un père tyrannique, Charles Dirac, le futur père de Paul, décida brutalement, en 1888, de quitter sa famille pour s'établir à Bristol, en Angleterre. Un peu plus tard, il y rencontra Florence Holten, la fille d'un fringant capitaine de vaisseau, qui ne tarda pas à devenir sa femme et la mère de trois enfants, dont Paul Adrien, le cadet. Jusque-là, je vous l'accorde, rien qui puisse prédisposer une progéniture au laconisme. Sauf que Charles Dirac conservait un amour profond et nostalgique pour sa langue maternelle et qu'il avait, semble-t-il, hérité de son père un autoritarisme maladif. Le résultat en fut cette curieuse injonction qu'il adressa à ses propres enfants : ils ne devaient jamais lui parler qu'en français. Or le petit Paul était incapable de s'exprimer convenablement dans cette langue. Dès son plus jeune âge, il préféra demeurer silencieux, autant que ce fût possible.

Adulte, Paul Dirac était convaincu que l'artillerie demeurait l'unique domaine dans lequel l'abondance de la mitraille compense l'imprécision du tir. Il ne parlait guère que lorsqu'il jugeait la chose absolument indispensable et toujours en usant du plus petit nombre de mots possible. C'était un minimaliste. Nul ne l'a jamais

1. Thomas Kuhn, *Interview with Dirac*, 7 mai 1963, Niels Bohr Archive, Copenhague, p. 69

entendu faire une tirade ou une remarque triviale. De quoi donner du poids à ses paroles.

Indifférent au froid, à la pluie, à l'inconfort, à la mauvaise qualité de la nourriture, Dirac aurait pu travailler sur une île déserte. Rien moins que jouisseur, cet impassible vivait dans une sorte d'ascétisme, comme s'il avait voulu que son âme fût délestée des besoins du corps, qu'elle préservât sa nature afin de parvenir dans « l'autre monde » prête à s'unir à ce qu'elle y contemplerait. Aussi long que mince, il éprouvait une sorte de dédain diffus pour les choses matérielles, les plaisirs ordinaires, les modes, les frénésies de toute sorte, les balancements de jupe, les bruissements de buvette. Jamais il ne fuma ni ne toucha une goutte d'alcool. Un Gāndhi en costume trois pièces, le militantisme en moins.

Mais cet homme flegmatique, aux limites de l'autisme, fut un chercheur fulgurant et prolifique. Sa vie fut certes rectiligne, banale, en apparence calme et sans histoires, mais ses pensées, elles, se développèrent d'une façon extraordinairement originale et avec une intensité très particulière. Il y a de l'étrangeté en Dirac. En dépit de sa réserve, de sa crispation puritaine, celui qui prenait plaisir à biner son jardin [1] allait, à sa façon, découvrir et explorer un tout nouveau continent : l'antimatière.

Avec pour seul instrument une équation compacte et puissante, ne bénéficiant d'aucun appui en provenance de l'expérience, Dirac inventerait un nouveau langage pour la physique, un nouveau formalisme qui ferait

1. Après son mariage, Dirac passa beaucoup de temps à s'occuper de son jardin. Il essaya de traiter les problèmes d'horticulture en partant des premiers principes de la physique (conservation de l'énergie, croissance de l'entropie...). Les résultats ne furent pas à la hauteur de ses espérances.

entendre les psalmodies que l'univers avait déclamées dans sa phase primordiale, des milliards d'années plus tôt. La matière s'en trouverait dédoublée.

L'histoire de Paul Adrien Maurice Dirac commence au début du XXe siècle. Il naît à Bristol le 8 août 1902, l'année de la mort d'Émile Zola, de la naissance de John Steinbeck, de l'engagement d'Albert Einstein au Bureau fédéral de la propriété intellectuelle de Berne ou, si l'on préfère, de la première traversée de la mer d'Irlande en ballon. Son enfance est apparemment sans histoires mais, à la vérité, on dispose là-dessus de très peu d'éléments. Il fréquente l'école primaire, puis le collège technique dans lequel son père enseigne le français, joue assidûment (mais sans talent particulier) au football et au cricket. Lorsqu'il atteint l'âge de seize ans, son père lui suggère, dans un élan pragmatique, d'étudier le génie électrique à l'université de Bristol. Dirac en sort en 1921 avec un diplôme d'ingénieur en poche, diplôme qu'il n'utilisera pas : ayant quelque difficulté à trouver une situation professionnelle à son goût (on imagine ses problèmes lors de ce qu'on appellerait aujourd'hui les « entretiens d'embauche »), il préfère changer d'orientation.

Dirac n'a pas vingt ans, et il a déjà étudié en autodidacte la relativité générale d'Einstein qui le fascine, comme elle fascine d'autres jeunes physiciens, Wolfgang Pauli ou Enrico Fermi par exemple. Il la trouve étonnamment « belle ». Certaines subtilités d'ordre mathématique lui échappant encore, il se décide à demander une bourse pour étudier pendant deux ans les mathématiques à l'université de Bristol. Sa demande est acceptée [1]. Il acquiert

1. Cette demande est maintenant exposée sur le mur de la bibliothèque de l'université de Cambridge, à côté du prix Nobel que Dirac reçut quelques années plus tard, en 1933.

ainsi une formation de pointe en mathématiques, qui ne tardera pas à lui être très utile.

À l'automne 1923, Dirac obtient un poste dans une université prestigieuse, Cambridge, au département de recherche scientifique et industrielle. Là, il s'initie à la physique atomique, qui additionne les révolutions depuis une dizaine d'années. Il découvre d'abord le modèle d'Ernest Rutherford, qui date de 1911 : l'atome ne serait qu'une sorte de système solaire, mais en miniature, le noyau jouant le rôle du Soleil et les électrons qui tournent autour celui des planètes. Puis celui de Niels Bohr, énoncé en 1913, qui attribue aux électrons des orbites circulaires correspondant à des énergies particulières et décrit de quelle façon les atomes émettent et absorbent de la lumière. Enfin, il s'initie au modèle d'Arnold Sommerfeld qui, en 1916, a perfectionné le modèle de Bohr en remplaçant les orbites circulaires des électrons par des orbites elliptiques et en intégrant certains aspects de la théorie de la relativité restreinte d'Einstein. Dirac étudie minutieusement tous ces sujets, fait et refait des calculs. C'est nouveau et c'est passionnant.

Mais un événement tragique vient complètement assombrir cette période : son frère Reginald, de deux ans son aîné, se suicide. Paul est bouleversé. Et pour ne rien arranger, il se sent coupable d'avoir autrement réussi ses études. Quarante ans plus tard, il reviendra sur cette disparition et décrira en termes très sévères l'éducation rigide que son frère, sa jeune sœur Béatrice et lui-même ont reçue. Il confiera notamment que leurs parents les avaient soigneusement tenus à l'écart de toute vie sociale jusqu'à un âge tardif : « Mon frère avait une petite amie. Aussitôt après son suicide, mon père, qui n'avait jamais rencontré cette jeune fille, suggéra qu'elle vienne nous rendre visite à la maison. Mais ma mère lui répondit : oh non, il ne faut pas qu'elle vienne, car elle pourrait courtiser Paul. À cette époque, j'avais vingt-deux ans, mais ma mère pensait encore que je devais éviter tout contact avec les filles. J'en fus terriblement froissé, mais le résultat fut que je n'ai jamais pu voir cette jeune femme [1]. » *Quite a Victorian atmosphere !*

Un an plus tard, un beau jour de mai 1925, Dirac fait la connaissance de Niels Bohr, venu à Cambridge prononcer une conférence sur les difficultés que rencontre la physique atomique. Le chaudron quantique est sur le feu. Les physiciens s'arrachent les cheveux à tenter de comprendre les particules quantiques, qui semblent se comporter tantôt comme des ondes, tantôt comme des corpuscules. Par quoi représenter des êtres aussi ambivalents, qu'on ne peut ni voir, ni toucher, ni entendre, mais dont l'existence vient s'imposer aux physiciens ? Ces particules ont-elles une trajectoire bien définie dans l'espace ? En quels termes doit-on parler d'elles ? Comment les intégrer dans un cadre formel unique et cohérent ? Dirac écoute attentivement l'exposé de Niels Bohr. Il repart impressionné par l'homme – beaucoup moins par ses arguments qu'il juge trop qualitatifs, trop fumeux, trop… bavards ! Tout cela manque à ses yeux de mathématiques, d'équations élégantes et denses qui sont, croit-il, le seul moyen de débarrasser la physique des interprétations oiseuses, de l'imprécision, des logorrhées approximatives. La suite de l'histoire lui donnera en partie raison.

Quelques mois plus tard, en juillet 1925, Dirac fait aussi la connaissance de Werner Heisenberg, venu à Cambridge présenter les premiers éléments de sa « méca-

1. Thomas Kuhn, *Interview with Dirac*, 7 mai 1963, *op. cit.*, p. 47.

nique des matrices » [1]. Il s'agit d'une théorie très abstraite, si abstraite même qu'elle interdit qu'on puisse se représenter les phénomènes quantiques dans l'espace-temps. Heisenberg a compris que le modèle de Bohr ne peut être exact. Il met en scène des entités qui ne sont pas observables, comme la trajectoire circulaire des électrons autour du noyau de l'atome : si l'on veut connaître la position de l'électron, il faut l'éclairer, c'est-à-dire projeter sur lui des photons, opération qui perturbe sa trajectoire de sorte que sa position s'en trouve modifiée ; si on ne l'éclaire pas, la position de l'électron n'est pas changée, mais on ne peut alors rien savoir de sa trajectoire [2]. Apparaît donc une sorte de dilemme, que Heisenberg propose de résoudre en posant qu'une particule ne doit pas être représentée comme un objet qui posséderait simultanément une position et une vitesse. Prises ensemble, c'est-à-dire affectées *au même moment* à une particule donnée, ces deux caractéristiques n'ont plus de sens. Du coup, la notion de trajectoire, définie comme la juxtaposition à tout instant d'une vitesse et d'une position, n'a plus de sens non plus.

Partant de ce constat, Heisenberg a construit une description de la structure des atomes ne faisant appel qu'à des quantités physiques observables, par exemple la fréquence ou l'intensité de la lumière qu'un atome peut émettre ou absorber. Pour représenter chacune de ces quantités, il utilise des objets mathématiques qui n'ont jamais eu d'application en physique : les matrices, c'est-à-dire des tableaux de nombres carrés ou rectangulaires. Il

1. Werner Heisenberg, *Zeitschrift für Physik*, 33, 1925, p. 879-893.

2. Pour en savoir plus, voir Étienne Klein, *Petit voyage dans le monde des quanta*, Flammarion, coll. « Champs », 2004.

fournit également les équations qui relient ces matrices les unes aux autres, ce qui permettra à son ami Wolfgang Pauli de calculer avec une très bonne précision le spectre de la lumière qu'émet l'atome d'hydrogène – choisi en la circonstance parce qu'avec son unique électron il est l'atome le plus simple de la nature. Dirac est littéralement fasciné par ce tout nouveau formalisme, qui lui semble singulièrement élégant. Donc singulièrement convaincant.

Car notre homme sent déjà qu'il n'aime rien tant que la beauté. Celle de la nature, d'abord : chaque dimanche, il fait une longue promenade solitaire dans la campagne, à moins qu'il ne gravisse les collines autour de Cambridge, toujours vêtu de sombre. Tout au long de sa vie, comme beaucoup de physiciens de cette époque, il partira escalader les sommets, dans les Alpes, les Rocheuses ou encore le Caucase. Ce qui l'anime, c'est la découverte émouvante de la beauté, le désir d'établir une métrique de la stupeur. En 1936, il parviendra même à atteindre, avec son ami russe Igor Tamm, un sommet de 5 640 mètres, le mont Elbrouz, point culminant du Caucase. Du fait de sa constitution fluette, il s'effondrera de fatigue au cours de la longue descente.

Mais la beauté qu'aime par-dessus tout Dirac n'est pas de l'ordre du visible, fût-elle celle des cimes : c'est la beauté des équations. Celle-là, il va passer sa vie à la pister, à la traquer, à la retranscrire, avec une ferveur quasi religieuse [1]. À ses yeux, l'unique réalité qui vaille est celle de la « forme pure », que seules les mathématiques peuvent saisir. Échappant à l'emprise du temps et du hasard, elle porte en exclusivité la marque de l'incor-

1. Cette ferveur fit dire à Wolfgang Pauli, à propos de Paul Dirac qui se déclarait agnostique : « Notre ami Dirac a lui aussi sa religion, et le premier commandement de cette religion est : Dieu n'existe pas, mais Dirac est son prophète ! »

ruptible vérité. Voilà pourquoi la physique doit être vécue comme une sorte d'alpinisme intellectuel consistant à grimper jusqu'à des altitudes himalayennes où le *logos*, le vrai *logos*, peut enfin se révéler.

Dirac a la conviction que le Beau et le Vrai sont deux facettes d'une même réalité. Lui qui reconnaîtra n'avoir jamais trouvé d'intérêt à la lecture des grands penseurs considère pourtant, comme Platon [1], que la découverte de la beauté parfaite est aussi celle de la vérité. *Pulchritudo splendor veritatis* (la beauté est la splendeur de la vérité), comme le dirent aussi, à leur façon, les hommes de la Renaissance. Sans même faire allusion aux innombrables « belles » théories physiques qui ont échoué sur de minables petits faits [2], Dirac n'hésite pas à ériger l'esthétique au rang de principe méthodologique. C'est simple : cherchez le Beau et vous trouverez le Vrai.

Position pourtant difficile à élever au rang de système : la beauté, à la fois subjective et soumise à des variations historiques, ne saurait constituer un critère objectif en physique ; et des idées trop arrêtées en matière d'esthétique peuvent induire en erreur. D'ailleurs, l'histoire des sciences révèle plutôt le nomadisme des scientifiques : ils ne fixent jamais définitivement leurs critères esthétiques et se montrent prêts

1. Pour Platon, l'amour de la Beauté en soi est une première étape du cheminement vers la connaissance et c'est l'*éros* qui nous porte vers elle. Ainsi, loin d'être en conflit avec le savoir, l'*éros* a partie liée avec lui. On ne doit donc pas restreindre le domaine de l'*éros* au désir charnel, car il inspire aussi bien le héros qui cherche à se surpasser que le poète attaché à une œuvre impérissable ou le scientifique à la recherche d'une vérité éternelle.

2. Citons pêle-mêle la théorie scalaire de la lumière, la théorie de la gravitation de Newton, la théorie de l'onde-pilote de Louis de Broglie, la théorie du *bootstrap* en physique des particules, la théorie de l'univers stationnaire de Hoyle, Bondi et Gold…

à en changer si cela leur permet de s'engager dans d'autres « styles » de théories, jugés plus prometteurs [1].

Le plus étonnant, c'est que Paul Dirac est bien placé pour savoir tout cela. En 1926, il s'intéresse de très près à une problématique qui met justement en jeu une opposition d'ordre esthétique entre deux théories. Erwin Schrödinger vient de publier l'équation qui porte son nom et propose une « mécanique des ondes » : les particules, loin d'être des objets corpusculaires, ne sont que des « paquets d'ondes », c'est-à-dire des ondes de différentes fréquences superposées les unes aux autres. De son côté, Werner Heisenberg a terminé ses travaux sur la « mécanique des matrices » et les a publiés. Durant les mois qui suivent, les deux hommes ont le sentiment d'explorer des pistes radicalement opposées et le font savoir : Schrödinger écrit à Lorentz que la théorie de Heisenberg est « monstrueuse » car elle n'autorise plus aucune visualisation dans l'espace des processus quantiques, tandis que Heisenberg confie à Pauli que la mécanique ondulatoire de Schrödinger est à ses yeux « abominable ». Jusqu'à ce que Paul Dirac soi-même, aidé par Schrödinger, finisse par démontrer que ces deux théories, mathématiquement si différentes, sont physiquement équivalentes – c'est-à-dire qu'elles conduisent à des prédictions parfaitement identiques ! La laideur et la beauté ne seraient-elles en l'occurrence que les masques interchangeables ou superposés d'un même phénomène ? Heisenberg et Schrödinger ont fait exactement la même découverte, mais par des voies radicalement différentes. Étrange simultanéité. C'est un peu comme si l'Amérique avait été découverte par Christophe Colomb, qui a traversé l'océan Atlantique d'est en

1. Voir à ce propos le livre de James W. McAllister, *Beauty and Revolution in Science*, Ithaca, NY, Cornell University Press, 1996.

ouest, en même temps que par un Japonais, tout aussi audacieux, qui aurait parcouru l'océan Pacifique d'ouest en est.

Cet épisode ne change cependant rien aux convictions de Dirac. En l'occurrence, ses critères sont ceux d'un mathématicien plutôt que d'un physicien. Même si la beauté peut effectivement relever de la subjectivité, l'élégance d'une équation demeure selon lui le meilleur gage, peut-être le seul, de son exactitude : dès lors que l'équation est belle, la question de son adéquation à l'expérience n'est plus que de seconde importance. La beauté finit toujours par l'emporter. À condition, bien sûr, de ne pas se tromper de critère esthétique.

Reste à savoir ce que Dirac entend par « la beauté » en mathématiques. Sa réponse à ceux qui l'interrogent à ce propos ne nous éclaire guère : « Si vous ne connaissez pas vous-même les mathématiques, je ne pourrai pas vous l'expliquer, car vous ne me comprendriez pas ; et si vous connaissez les mathématiques, alors vous savez déjà ce que j'entends par là [1]… » Heureusement, Dirac est parfois moins elliptique. Les physiciens, il en a bien conscience, n'utilisent pas toutes les mathématiques : certains formalismes, jugés plus riches et plus efficaces, sont privilégiés. Lesquels ? Ceux qui offrent de nombreux « invariants », c'est-à-dire des quantités qui ne sont pas modifiées lorsqu'on effectue certaines transformations, comme une rotation, ou un changement de référentiel [2]. Ces invariants peuvent être des nombres, des variétés, des structures, des classes d'équivalence, ou bien prendre la forme d'une équation. Or, pour Dirac, l'efficacité en physique de ce

1. Thomas Kuhn, *Interview with Dirac*, 7 mai 1963, *op. cit.*, p. 53.

2. Cette constatation fut faite dès la fin du XIXe siècle par le physicien Hermann Helmholtz.

type de formalismes ne peut être le fruit du seul hasard : « Il devient de plus en plus évident que les formalismes que les mathématiciens trouvent les plus intéressants sont aussi ceux que la Nature a choisis pour elle-même [1]. » Cherchant à expliciter ce qu'il entend par là, il écrit un jour que la richesse en invariants d'une théorie est le meilleur indice qui soit de sa profondeur, donc de sa beauté, donc de son exactitude. Ainsi, l'existence de groupes assez riches de transformations associés à une équation constitue, selon Dirac, un bon indice de sa beauté [2].

Mais comment expliquer que ce sont précisément ces équations qui « marchent » le mieux en physique ? S'agit-il d'une sorte de prédestination ? D'un « miracle », pour parler comme le physicien hongrois Eugene Wigner [3] ? Ce

1. Cette phrase (traduite par l'auteur) se trouve dans Paul Dirac, « The Relation between Mathematics and Physics », *Proceedings of the Royal Society of Edinburgh*, LIX, 1939, p. 122.

2. Dirac écrit de façon explicite : « *It would be probably a good thing also to give a preference to those branches of mathematics that have an interesting group of transformations underlying them…* » (*ibid.*).

3. Eugene Wigner est connu d'abord comme physicien (ses travaux théoriques en physique des particules lui ont valu d'obtenir le prix Nobel de physique en 1963), ensuite parce qu'il fut le beau-frère de Dirac (que sa sœur Margit épousa en 1937), enfin pour avoir écrit en 1960 un article célèbre sur la question de l'efficacité des mathématiques en physique. Dans ce texte intitulé « La déraisonnable efficacité des mathématiques dans les sciences de la nature », il explique que la puissance des mathématiques dans les sciences physiques ne peut être qualifiée qu'en termes de « miracles » ou de « don magnifique que nous ne comprenons ni ne méritons », comme si les raisons profondes de cette puissance étaient situées au-delà des limites de notre compréhension du monde (E. P. Wigner, « The Unreasonable Effectiveness of Mathematics in the Natural Sciences », *Communications on Pure and Applied Mathematics*, 13, 1960, p. 1-14).

n'est pas certain, du moins si l'on considère que le premier critère permettant de dire qu'un objet existe vraiment est précisément qu'il soit invariant sous des transformations particulières. Lorsque nous voulons savoir si ce que nous voyons est réellement un cube, par exemple, il nous suffit, pour en décider, de bouger la tête ou le corps et d'évaluer la persistance de nos sensations visuelles tout au long de ces mouvements : si le cube persiste à ressembler à un cube lorsque nous changeons notre position par rapport à lui, c'est qu'il est... un cube ! Dès lors, si les mathématiques riches en invariants sont les plus efficaces en physique, n'est-ce pas tout simplement parce qu'elles prolongent, à l'échelle microscopique, ce processus à l'œuvre dans la perception ordinaire ? Grâce aux permanences qu'elles sont capables de reconnaître, elles permettent de décrire les éléments de réalité constitutifs du monde physique même lorsqu'ils nous deviennent invisibles – c'est le cas des objets à l'échelle microscopique, les particules, par exemple [1]. À mesure qu'elles cessent d'être opératoires, les qualités sensibles se trouvent remplacées par des concepts mathématiques qui, en quelque sorte, les subliment.

Mais revenons à la physique de cette période, alors bouillonnante. Les physiciens recherchent fiévreusement

1. En termes techniques, on parle de la covariance des lois, c'est-à-dire de l'invariance de leur forme lorsqu'on change de référentiel : transformation de Galilée en mécanique classique, transformation de Poincaré en relativité restreinte. C'est cette covariance qui rend des lois susceptibles de décrire une réalité physique en manifestant qu'il ne s'agit pas d'un effet lié à un choix particulier de point de vue. Elle permet en quelque sorte de saisir les choses, sinon *sub specie aeternitatis* (du point de vue de l'éternité), du moins du point de vue de l'universel.

quelles sont les lois de cette étrange réalité quantique qu'ils viennent de mettre au jour. Ils passent successivement de l'exaltation au découragement et du découragement à l'exaltation. Dirac n'est pas en reste : il réfléchit et travaille sans cesse, tous les jours, excepté le dimanche. À la fin de l'année 1925, il publie son premier article, dans lequel il pointe une différence entre le formalisme de la physique quantique et celui de la physique classique [1]. Ce résultat suscite un écho considérable. Bien plus tard, Max Born, l'un des pères fondateurs de la physique quantique, dont les préoccupations théoriques sont à l'époque très voisines de celles de Dirac [2], se souviendra du choc qu'il a reçu en le lisant : « Ce fut, je m'en souviens très bien, l'une des plus grandes surprises de ma vie scientifique. Le nom de Dirac m'était alors tout à fait inconnu. Il semblait s'agir d'un tout jeune homme.

1. Paul Dirac, *Proceedings of the Royal Society*, A109, 1925, p. 642. Dans cet article, Dirac propose à l'issue d'une démonstration très élégante la fameuse relation $qp - pq = ih/2\pi$, qui exprime le fait que les observables quantiques associées à la position (notée q) et à l'impulsion (notée p) ne commutent pas entre elles. Ce résultat avait également été obtenu quelques semaines plus tôt, de façon indépendante, par Max Born et Pascual Jordan.

2. Max Born a obtenu le prix Nobel de physique en 1954 pour avoir compris, dès 1926, que la fonction d'onde qui figure dans l'équation de Schrödinger permet de calculer la probabilité de détecter la particule dans un volume donné. En 1933, à cause des lois raciales promulguées par les nazis, Born dut abandonner son poste de professeur à Göttingen et trouva d'abord refuge à Cambridge, chez son ami Ernest Rutherford. À sa descente du train, il eut un choc terrible en voyant une affiche sur laquelle était écrit en grosses lettres *Born to be Hanged*, ce qu'il comprit comme signifiant « Born au gibet ». Il lui fallut un peu de temps avant de comprendre qu'il s'agissait d'une publicité pour une pièce de théâtre intitulée *Né pour être pendu.*

Et pourtant tout, dans son article, était parfait, admirable [1]. » L'économie efficace de la prose de Dirac renforce à l'évidence l'impression de maturité qui se dégage de ses écrits. Elle lui permet d'aller droit au but, sans broderies.

Dirac soutient sa thèse à Cambridge en mai 1926. Son titre est des plus succincts : *Mécanique quantique*, mais elle contient quelques idées d'avant-garde qui contribueront à éclaircir certains points controversés, notamment en quoi la physique quantique se distingue radicalement de la physique classique [2].

Désormais libéré de ses obligations, Dirac peut se rendre dans différents laboratoires étrangers, en tant que *visiting professor*. En septembre, il part pour Copenhague retrouver Niels Bohr, dont l'institut est devenu le passage obligé de tous les jeunes physiciens voulant contribuer à la révolution en marche. Les deux hommes s'apprécient. « J'avais la plus grande admiration pour Bohr. Nous eûmes de longues conversations, de longues conversations pendant lesquelles Bohr était pratiquement le seul à parler [3] », racontera plus tard Dirac. *No comment*.

Cet institut, où Dirac séjourne plusieurs mois, est le lieu d'une vie intellectuelle intense et joyeuse. De brillants esprits y font escale ou étape. Stimulé, il y rédige deux articles importants, qui portent en germe ses décou-

1. Max Born, *My Life*, New York, Scribner, 1978, p. 226.

2. Dirac introduit notamment les notions de *c*-nombres et de *q*-nombres (*c* pour classiques, *q* pour quantiques). Les premiers commutent entre eux, c'est-à-dire que leur produit est le même quel que soit l'ordre dans lequel on dispose les facteurs. Les seconds, eux, ne commutent pas entre eux.

3. Paul Dirac, dans C. Weiner (dir.), *History of Twentieth Century Physics*, *op. cit.*, p. 109.

vertes futures [1]. Mais il étonne surtout ses collègues par sa tendance à traiter de façon froidement théorique tous les problèmes, y compris ceux de la vie courante.

En octobre 1926, Wolfgang Pauli, qui est un habitué des lieux, revient à Copenhague pour travailler avec Niels Bohr. Au premier coup d'œil, ses jeunes collègues jugent qu'il est devenu trop gros et chargent très officiellement Dirac, le plus enclin à l'ascétisme, de veiller à ce que le père du « principe d'exclusion [2] » ne mange pas trop. Un jour que Pauli, inquiet, lui demande combien de morceaux de sucre il a le droit de mettre dans son café, « Je pense qu'un morceau devrait te suffire », répond Dirac, qui marque une pause avant d'ajouter : « Je pense qu'un morceau devrait suffire à n'importe qui. » Après un moment de réflexion supplémentaire, Dirac conclut : « Je pense que la taille des morceaux de sucre a été précisément calculée pour qu'un morceau soit exactement ce qu'il faut à tout le monde [3]. »

C'est entre les murs de l'Institut que Dirac fait la connaissance d'un autre bon vivant, George Gamow, son exact opposé pour ce qui est du tempérament. Une sorte d'anti-Dirac, si l'on peut dire. Cette sacrée différence ne les empêche pas d'interagir aimablement, sans s'annihiler mutuellement. Un soir, lors d'une réception à Copenhague, Dirac propose à Gamow une théorie d'après laquelle il doit exister une distance optimale pour contempler le

1. C'est dans ces deux articles que Dirac élabore sa théorie des transformations canoniques en mécanique quantique (*Proceedings of the Royal Society*, A114, 243, 1927 et A114, 710, 1927).

2. Voir *infra*, p. 110, n. 2.

3. Cette anecdote a été rapportée par Rudolf Peierls dans Behram Kursunoglu et Eugene Wigner (dir.), *Dirac's Way. Reminiscences about a Great Physicist : Paul Adrien Maurice Dirac*, *op. cit.*, p. 44.

visage d'une femme. Son raisonnement est le suivant : à une distance infinie, on ne voit rien du tout ; à une distance presque nulle, l'ovale du visage est déformé et les imperfections se laissent trop voir. Il doit donc exister une distance à laquelle le visage d'une femme est à son maximum de beauté. « Mais, dis-moi, Paul, demande Gamow, quelle est la plus petite distance à laquelle tu aies jamais vu un visage de femme ? – Oh, répond Dirac sans rire, en ouvrant ses bras d'une bonne cinquantaine de centimètres, à peu près à cette distance [1]. »

Cet échange, précisons-le, a lieu quelques années avant le mariage de Dirac avec Margit Wigner, la sœur du physicien Eugene Wigner – celui-là même qui pense que l'efficacité des mathématiques en physique tient du pur miracle. Ils se rencontreront en 1934 à l'université de Princeton, où Eugene Wigner est alors professeur, à l'occasion d'une visite de Margit à son frère. « Il me parla de son enfance si difficile, racontera-t-elle, je lui parlai de la mienne, et aussi des mauvais souvenirs que m'avait laissés mon mariage malheureux [2]. » Au printemps 1935, Dirac partira pour Budapest retrouver celle qu'il épousera deux ans plus tard, le 2 juin 1937. Paul aura l'occasion de voir Margit de plus près, à deux reprises au moins, puisque deux enfants, Mary et Florence, naîtront de cette

1. Cette anecdote a été rapportée par George Gamow dans son livre *Trente années qui ébranlèrent la physique*, Éditions Jacques Gabay, 2001, p. 97-98.

2. Margit Dirac, dans Behram Kursunoglu et Eugene Wigner (dir.), *Dirac's Way. Reminiscences about a Great Physicist : Paul Adrien Maurice Dirac*, *op. cit.*, p. 3. Dans cet ouvrage collectif, Mme Dirac raconte très joliment sa rencontre avec son mari et leur vie commune. Elle avait eu deux enfants de son premier mariage, qui prirent eux aussi le nom de Dirac.

union. Au dire de sa femme, évidemment prolixe comparée à lui, Dirac se montrera toujours quelque peu distant avec ses deux filles. Un effet direct de son éducation sans doute. On ne lui a guère appris à exprimer ses sentiments.

Mais en février 1927, Dirac est toujours célibataire. Il s'apprête à quitter Copenhague pour Göttingen, autre haut lieu de la physique quantique. Il y réside quelques mois et élabore une théorie quantique du phénomène de dispersion de la lumière. Il sympathise avec Robert Oppenheimer et s'étonne du temps que passe le futur père de la bombe atomique à lire Dante en édition originale : « Comment peux-tu t'intéresser à la fois à la physique et à la poésie ? En physique, nous essayons d'expliquer en termes simples des choses que personne ne connaissait avant nous. La poésie, n'est-ce pas exactement l'inverse [1] ? » L'histoire ne dit pas quelle réponse lui fut faite.

En septembre, Dirac quitte Göttingen pour se rendre à Leyde sur l'invitation de Paul Ehrenfest, puis à Bruxelles pour assister au cinquième congrès Solvay en octobre, qui demeurera l'un des plus importants de l'Histoire. Il y retrouve Niels Bohr et fait la connaissance d'Albert Einstein, qu'il admire profondément. Le respect entre les deux hommes est d'ailleurs réciproque. « C'est à Paul Dirac que nous devons la présentation la plus logiquement parfaite de la physique quantique [2] », écrira Einstein. Mais Dirac ne participe pas aux fascinantes discussions qui

1. Cité par Abraham Pais, *The Genius of Science*, New York, Oxford University Press, 2000, p. 54.

2. A. Einstein, « Maxwell's Influence on the Development of the Conception of Physical Reality », *James Clerk Maxwell : A Commemorative Volume 1831-1931*, Cambridge, 1931, p. 66.

opposent Einstein et Bohr quant au statut de la physique quantique. Des questions de plus en plus aiguës se posent en effet à propos de sa mise en relation avec le monde physique. La physique quantique nécessite un véritable travail d'interprétation : selon quelles règles convient-il d'utiliser ses concepts ? Quel rôle l'observateur joue-t-il dans le processus de mesure des propriétés des objets physiques ? Le hasard intervient-il dans la détermination des résultats de mesure ? Quels types de discours sur la réalité physique le formalisme quantique autorise-t-il ? Les débats de ce type ne sont pas l'affaire de notre homme. Il ne se sent pas philosophe. En 1979, à Jérusalem, à l'occasion du centenaire de la naissance du père de la relativité, Dirac reviendra sur son désengagement d'alors : « Je ne pris pas vraiment part aux discussions entre Einstein et Bohr. J'écoutais leurs arguments, mais je ne disais rien, parce que tout cela ne m'intéressait guère. Ce qui m'intéressait, c'était de trouver les bonnes équations. Car il me semblait que le rôle d'un physicien théoricien, c'était d'abord cela : trouver les bonnes équations. Quant à l'interprétation de ces équations, elle ne me semblait que de seconde importance [1]. »

De retour à Cambridge, en novembre, Dirac commence à donner des cours de mécanique quantique et entreprend la rédaction de ce qui deviendra un très grand livre de physique, *Les Principes de la mécanique quantique*, dont la première édition voit le jour en 1930 [2]. Un manuel

1. Paul Dirac, dans Albert Einstein, *Historical and Cultural Perspectives*, édition de G. Holton et Y. Elkana, Princeton, Princeton University Press, 1982, p. 79.

2. Paul Dirac, *The Principles of Quantum Mechanics*, Cambridge, Cambridge University Press, 1930 (traduction française d'A. Proca et J. Ullmo), a été publié en 1990 par les Éditions Jacques Gabay.

qui étonne par son éloquente sobriété. L'auteur y donne l'impression de ne pas connaître d'avance les mathématiques, et d'inventer celles dont il a besoin au fur et à mesure, l'indispensable, ni plus ni moins. Exemple exceptionnel d'un créateur exposant lui-même les résultats de ses travaux dans un ouvrage d'enseignement épuré, ciselé, sans fioriture aucune.

Mais la grande affaire de Dirac – son « œuvre inhumaine », pour parler comme Paul Ehrenfest, sa « période excitante », selon ses propres mots [1] – commence à la toute fin de l'année 1927. Il n'a que vingt-six ans, pas de compagne, peu d'amis. C'est à partir de ce moment-là qu'il va livrer de formidables combats dans lesquels il est seul engagé et dont le tumulte est silence pour le reste du monde. Lui dont la conversation se réduit à des « oui » et des « non », à des « je ne sais pas » et des « mmmm » qui ponctuent ses silences, donnera voix à la nature, transcrira des paroles qu'elle n'avait jamais fait entendre. Dans son coin, avec son intellect pour seul outil, il entreprend de décrypter un paragraphe essentiel de la prose absconse de la matière microscopique.

Le grand problème posé à cette époque est facile sinon à résoudre, du moins à énoncer. Les physiciens disposent depuis la fin de l'année 1925 d'une équation – l'équation de Schrödinger – qui permet de décrire, dans diverses situations, le comportement d'une particule élémentaire comme l'électron. Typiquement quantique, cette équation donne de bons résultats lorsqu'il s'agit, par exemple, de calculer les niveaux d'énergie accessibles à l'électron unique qui se trouve dans tout atome d'hydrogène. Mais

1. Paul Dirac, dans C. Weiner (dir.), *History of Twentieth Century Physics*, *op. cit.*, p. 140.

cette précision vient de ce que la vitesse de cet électron ne représente qu'un petit centième de la vitesse de la lumière. Pour des électrons beaucoup plus rapides, comme ceux que l'on trouve au sein du rayonnement cosmique, rien ne va plus. Car l'équation de Schrödinger ne respecte pas les principes de la relativité d'Einstein. De par sa structure même, elle n'est valide que pour les particules dont la vitesse est beaucoup plus faible que celle de la lumière. Or un électron, objet minuscule s'il en est, peut être également très véloce, et même se déplacer pratiquement à la vitesse de la lumière. En toute logique, ce double statut impose que l'équation susceptible de le décrire en toutes circonstances soit une sorte de mariage de la physique quantique, qui traite des objets minuscules, et de la théorie de la relativité, qui traite des objets très rapides. Cette équation à la fois quantique et relativiste, voilà ce que les physiciens cherchent à partir de 1927. S'ils veulent pouvoir disposer d'une description cohérente du monde microscopique, ils doivent impérativement la trouver.

C'est là que notre homme entre véritablement en scène, et dans toute sa singularité. Selon son habitude, il commence par « jouer avec des équations et à regarder ce qu'elles donnent de beau [1] », comme il se plaît à dire. Dirac n'est pas poète, certes, mais sa démarche n'est pas sans évoquer celle de Mallarmé : il vise des formes aussi intemporelles, aussi pures que possible. Le défi qu'il s'est choisi semble colossal : aucune indication n'étant fournie par l'expérience, comment procéder ? Sur quelles bases

1. Cité par Franck Wilczek (prix Nobel de physique 2004), dans « A Piece of Magic », *in* Graham Farmelo (dir.), *It Must Be Beautiful. Great Equations of Modern Science*, New York, Granta Books, 2003, p. 132.

mathématiques construire l'équation recherchée ? Mais la motivation de Dirac est en titane. Pendant une année entière, il travaille d'arrache-pied, oublieux du reste du monde. Jusqu'à ce soir de l'hiver 1928 où, assis à son bureau du collège St John à Cambridge, il pose son stylo sur son cahier, relève la tête et, dans un spasme de réplétion, une sorte d'ivresse calme et subtile, dit : « Ça y est, je la tiens. »

Qu'a-t-il donc trouvé ? À partir d'arguments en apparence assez compliqués [1], mais qui s'inspirent en droite ligne de son idéal de beauté et de simplicité, il vient d'écrire une équation d'onde relativiste pour l'électron, équation qui satisfait à la fois aux principes de la physique quantique (elle décrit l'électron par une fonction d'onde) et aux principes de la relativité (puisqu'elle respecte les invariances qui leur sont associées).

Dans les semaines qui suivent, Dirac entreprend un autre labeur, tout aussi acharné. Il parvient à résoudre cette équation pour une particule libre, c'est-à-dire sans interaction avec d'autres particules. Ses solutions ont une structure mathématique curieuse : elles s'écrivent sous la forme de quatre nombres complexes placés en colonne, ce qu'on appelle un vecteur à quatre composantes. Les deux premières composantes ont toutefois une interprétation simple : elles concernent l'électron, avec ses deux états de spin possibles. Qu'est-ce que le spin ? Une propriété interne de l'électron qui traduit sa rotation sur lui-même, et que deux jeunes physiciens, George Uhlenbeck et Samuel Goudsmit, ont identifiée en 1925, mais sans par-

1. La grande idée de Dirac fut de chercher une équation contenant des dérivées premières par rapport aux variables de temps et d'espace, plutôt que des dérivées secondes.

venir à lui trouver une place cohérente dans le formalisme quantique. Ce nouvel attribut ferait presque figure de cheveu tombé sur la soupe. Mais – ô miracle ! –, dans le cadre à la fois quantique et relativiste où Dirac a choisi de se placer, le spin se voit attribuer une place parfaitement naturelle. Il surgit spontanément comme la conséquence inévitable du rapprochement conceptuel opéré par Dirac.

Qu'indique en effet la première composante de la solution de son équation ? La probabilité de trouver l'électron à un certain endroit avec un spin orienté vers le haut, c'est-à-dire tournant dans un certain sens. Et la deuxième composante ? La probabilité de trouver l'électron au même endroit, mais cette fois avec un spin orienté vers le bas, tournant dans l'autre sens. Ce résultat est manifestement un bon point pour l'équation de Dirac – un « bonus inattendu », dira, placide, son auteur : la beauté semble payer, payer cash, et même doublement ! Car elle permet aussi de calculer les niveaux d'énergie que peut prendre l'électron dans un atome d'hydrogène, en accord parfait avec les mesures expérimentales les plus précises [1] ! Il doit y avoir du « vrai » dans l'équation de Dirac. C'est maintenant plus que probable.

Mais la vraie surprise, ce sont les deux dernières composantes. Pourquoi ? Parce qu'elles correspondent à des énergies… négatives ! De quelle sorte d'objets sont-elles l'écho ? S'il s'agit de particules, alors elles devraient avoir

1. Dans l'atome d'hydrogène, nous l'avons dit, la vitesse de l'électron n'est qu'un centième environ de celle de la lumière. Les effets liés à la relativité y sont donc très faibles, mais pas nuls. L'équation de Dirac, du seul fait qu'elle prend en compte ces effets, donne des résultats qui sont en meilleur accord avec les mesures que ceux fournis par l'équation de Schrödinger.

une masse au repos elle aussi négative, donc se déplacer, sous l'action d'une force, dans le sens contraire à celui d'une particule ordinaire d'énergie positive. Autrement dit, elles devraient se comporter exactement comme la mule de la fable : tirez-la en avant, elle part en arrière ! Mais personne n'a jamais vu de tels objets dans le monde des particules : toutes sans exception obéissent de la même façon à l'action d'une force, et aucune n'a besoin qu'on lui apporte de l'énergie pour être immobilisée. Mais quel est donc ce « négatif » qui vient d'apparaître dans le champ de la physique ? Faut-il l'accepter ? Quel statut lui accorder ?

Dans un premier temps, Dirac se montre fasciné autant qu'embarrassé. Car son équation se révèle doublement hybride : quantique et relativiste de par sa construction, grandiose et calamiteuse de par ses conséquences. En effet, si elle donne élégamment une place naturelle au spin, elle fait apparaître des objets monstrueux : les énergies négatives ! Dirac publie quand même ses résultats [1]. Mais sa gêne vis-à-vis de ces énergies devient d'autant plus grande que les réactions de Wolfgang Pauli, Niels Bohr, Werner Heisenberg et autres éminents théoriciens sont des plus… négatives.

Selon eux, les énergies négatives de Dirac sont un très mauvais présage. Elles indiquent certainement que sa théorie conduit à une impasse. Il faut donc rebrousser chemin sans plus attendre. Le 3 mai 1928, Heisenberg écrit à Pauli que « le chapitre le plus triste de la physique moderne est et demeure la théorie de Dirac [2] ». Bien plus

1. Paul Dirac, *Proceedings of the Royal Society*, A117, 610, 1928 et A118, 351, 1928.

2. Werner Heisenberg, lettre à Wolfgang Pauli du 3 mai 1928, *Wolfgang Pauli. Scientific Correspondence*, vol. 1, New York, Springer, 1979, p. 443.

tard, en 1963, il se souviendra de cette période : « À cette époque, j'avais l'impression qu'en théorie quantique nous étions revenus à bon port. Mais les articles de Dirac nous renvoyaient en pleine mer [1] ! » Voilà pour les chaleureux encouragements de l'entourage.

Au début de l'année 1929, Paul Dirac, invité à donner des cours à l'université du Wisconsin, se rend aux États-Unis. Au même moment, Werner Heisenberg quitte lui aussi l'Europe pour enseigner à l'université de Chicago. C'est ainsi qu'au mois d'août les deux hommes se retrouveront sur le même paquebot, le *Shinyo Maru*, qui les transportera de San Francisco jusqu'au Japon, où ils doivent l'un et l'autre donner des conférences, Dirac à Tokyo et Heisenberg à Kyoto.

Dirac a vingt-sept ans, Heisenberg vingt-huit. Pendant ce long voyage, ils passent beaucoup de temps ensemble, en évitant soigneusement de discuter de l'équation de Dirac, et même de physique tout court. Ils sentent, ils savent que leurs avis ne convergeraient pas : même s'il demeure incapable de l'interpréter, c'est-à-dire d'en comprendre le sens et la portée, Dirac croit fermement à son équation, tandis que Heisenberg l'a déjà rangée dans la catégorie des très fausses bonnes idées.

Sur le *Shinyo Maru*, ils se cantonnent donc, par prudence, à des sujets moins épineux. Un soir, les deux physiciens se retrouvent au bal, dans la grande salle des banquets, en habit. Heisenberg se lève à plusieurs reprises pour aller danser, tandis que son compagnon, collé à sa chaise, se contente de regarder avec perplexité les couples qui virevoltent. Alors que Heisenberg se rassoit après

1. Thomas Kuhn, *Interview with Heisenberg*, 12 juillet 1963, Niels Bohr Library, American Institute of Physics, New York, p. 112.

une valse, Dirac se penche vers lui. « Heisenberg, pourquoi dansez-vous ? » lui demande-t-il. Réponse de l'intéressé : « Voyez-vous, Dirac, lorsqu'il y a de jolies filles, c'est un plaisir de danser. » Dirac médite ces mots en silence, puis, cinq minutes plus tard, reprend : « Mais, Heisenberg, comment faites-vous pour savoir *à l'avance* que les filles sont jolies ? » Heisenberg, qui rapporte l'anecdote, ne précise pas ce qu'il a répondu [1]. En tout état de cause, le physicien anglais et le physicien allemand ne semblent pas s'accorder mieux sur la façon de percevoir les femmes.

Au Japon, chacun assiste poliment aux conférences de l'autre, sans jamais le contester. Pendant ce temps-là, les énergies négatives font leur chemin sur le Vieux Continent. À Zurich, le mathématicien Hermann Weyl, qui a lu l'article de Dirac, s'y intéresse de près et ne tarde pas à émettre une hypothèse : les deux composantes d'énergie négative qui apparaissent dans les solutions de l'équation de Dirac correspondent au proton, c'est-à-dire à une particule bien réelle, d'énergie positive [2]. L'idée est d'autant plus tentante qu'en 1929 le proton est, avec l'électron, la seule particule élémentaire chargée connue [3].

Lorsque Dirac en prend connaissance à son retour en Europe, il n'est pas séduit. Du moins pas immédiatement. Toutefois, il reprend les travaux de Weyl en les adaptant de la façon suivante : si un électron d'énergie

1. *Cf.* Jagdish Mehra (dir.), *The Physicists Conception of Nature*, Dordrecht, Reidel, 1973, p. 816.

2. Hermann Weyl, *Zeitschrift für Physik*, 56, 1929, p. 330.

3. À cette époque, l'idée selon laquelle l'électron et le proton suffisent à rendre compte de la totalité de la matière était acceptée par presque tous les physiciens de premier plan, Einstein en tête.

négative gagne de l'énergie, par exemple à la suite d'un choc avec une autre particule, alors il laisse vide la place qu'il occupait initialement ; cette place laissée vide, ce « trou », se comporte comme une particule d'énergie et de charge électrique positives, que Dirac identifie au proton [1]. Dès lors, le proton n'est plus *stricto sensu* que la manifestation de l'absence d'un électron d'énergie négative.

Cette nouvelle définition du proton, cette définition « en creux », est certes un peu complexe, mais elle est très attirante d'un point de vue philosophique, au sens où elle permet d'envisager une unité fondamentale de la matière. Car si l'électron et le proton, qui sont les deux seules particules massives identifiées, peuvent être mis ainsi en correspondance, cela implique que le nombre de particules élémentaires se réduit, en définitive, à un. Toute la matière de l'univers serait en fait composée d'un seul élément fondamental, l'électron ! Le taciturne Dirac abandonne pour le coup son flegme habituel et se laisse même aller à un certain emballement. Une telle simplicité, écrit-il, pour une fois lyrique, dans un article, correspond au « rêve des philosophes [2] ».

Mais au cours de l'année 1930, Robert Oppenheimer à Göttingen et Igor Tamm à Moscou montrent l'un et l'autre

1. Voici ce qu'écrit Dirac dans la première édition (1930) de son livre *Les Principes de la mécanique quantique* : « Un état d'énergie négative inoccupé apparaîtra alors comme quelque chose ayant une énergie positive, puisque pour le faire disparaître, c'est-à-dire pour le remplir, il faudrait lui ajouter un électron d'énergie négative. Nous *faisons l'hypothèse que ces états d'énergie négative inoccupés sont les protons* » (en italiques dans le texte ; trad. par A. Proca et J. Ullmo ; *op. cit.*, p. 301).

2. Paul Dirac, « The Proton », *Nature*, 126, 1930, p. 605.

que cette hypothèse est irrecevable car elle conduirait à l'instabilité des atomes [1]. Le petit monde des physiciens théoriciens entre alors en pleine crise. Une crise d'autant plus profonde que, reprenant les arguments d'Oppenheimer et de Tamm, Wolfgang Pauli, le plus violemment opposé de tous à l'équation de Dirac, fait à Zurich de savants calculs en choisissant le cas de l'atome d'hydrogène, le plus simple de tous puisqu'il est constitué d'un proton et d'un électron : si, dans un tel atome, le proton était vraiment un « trou » de Dirac, c'est-à-dire une sorte d'« absence » d'électron, alors, pour combler cette absence, l'électron devrait se précipiter sur lui en une fraction de seconde, de sorte que l'atome d'hydrogène s'annihilerait rapidement. Plus exactement, toute son énergie se transformerait en lumière, sous la forme d'une gerbe de photons très énergiques.

Aussitôt connu, ce résultat conduit le charitable Wolfgang Pauli à énoncer le « second principe de Pauli » [2], selon lequel toute théorie suggérée par un théoricien devrait être immédiatement applicable à son auteur. Si bien, explique-t-il, que Dirac lui-même aurait dû se transformer en particules de lumière avant même d'avoir pu exposer ses idées à qui que ce fût.

Mais si les énergies négatives ne peuvent plus représenter le proton, alors que sont-elles ? Un certain flottement perdure jusqu'en mai 1931, date à laquelle Dirac a

1. Robert Oppenheimer, *Physical Review*, 35, 1930, p. 562 ; Igor Tamm, *Zeitschrift für Physik*, 62, 1930, p. 545.

2. Rappelons que le premier principe de Pauli, le seul des deux qui soit vraiment sérieux, est celui qui interdit à deux électrons de se trouver dans le même état quantique, c'est-à-dire d'occuper la même position tout en ayant la même énergie et le même spin. On l'appelle également le « principe d'exclusion ».

une idée de génie, qui lui permet d'effectuer sa grande percée – « un petit pas en avant » dans son vocabulaire : il entrevoit que les énergies négatives, si elles existent, décrivent une *nouvelle* particule, jamais observée, de même masse que l'électron et de charge électrique positive. Il prédit ainsi l'existence d'un nouvel objet microscopique, le *positron*, qui est l'*antiparticule* de l'électron. Il démontre en outre qu'un électron et un positron (si ce dernier existe) ne peuvent jamais apparaître qu'ensemble, c'est-à-dire toujours par paire, un peu comme des frères jumeaux.

Avec le recul, la prouesse accomplie par Dirac semble d'autant plus remarquable qu'il n'était pas courant qu'un physicien osât affirmer l'existence d'une particule jamais observée. Cela sonnait comme un acte gratuit, comme une pure facilité susceptible de faire sombrer la physique dans la métaphysique la plus débridée.

Comment des idées si audacieuses ont-elles pu germer dans l'esprit de Dirac ? On devine que le principal intéressé, sur ce point comme sur tous les autres, ne s'est guère répandu en confidences. Mais il est possible de traduire par une analogie la façon dont il a pu comprendre le sens des énergies négatives apparues dans ses propres calculs.

Imaginons un poisson des grandes profondeurs qui ne remonte jamais jusqu'à la surface et ne descend jamais jusqu'au fond de la mer : il se contente d'aller et venir à sa guise, toujours entre deux eaux. Régulièrement, il voit couler des objets, détritus jetés par-dessus bord par des marins, mais aussi des bateaux qui font naufrage. Notre poisson, qui est intelligent, raisonne comme Aristote le faisait et conclut : quelque chose doit exister qui incite tous les objets qui ont une masse à aller vers le bas... Un jour, pourtant, il voit tomber une bouteille vide (dans laquelle un peu d'air est resté emprisonné). Au moment où cette bouteille touche le fond, l'air est libéré sous l'effet du choc : des bulles d'air s'échappent, qui toutes vont vers le haut. Qu'en dit le poisson ? Qu'il s'agit de bulles qui se déplacent en sens inverse des objets ordinaires et que tout se passe comme si elles avaient une masse de signe opposé, c'est-à-dire une masse négative. Et que constate-t-il ? Qu'il peut ainsi détecter la présence d'un volume d'air grâce au fait que des bulles quittent leur bouteille d'origine demeurée au fond de la mer. Les bulles sont en quelque sorte la manifestation visible de la place invisible (pour le poisson) qu'elles occupaient dans la bouteille et qu'elles viennent de quitter.

On retrouve un peu de ces deux idées dans l'interprétation de Dirac, même si la correspondance entre les deux situations n'est pas directe : les particules sont susceptibles de se trouver dans certains états à énergie négative, qui sont en nombre infini et forment ce qu'il est convenu d'appeler depuis « la mer de Dirac ». Normalement, ces états sont tous occupés, chacun par une particule et une seule, mais ces particules d'énergie négative ne sont pas directement observables. Ce qui l'est, en revanche, c'est tout changement qui se produit à partir de cet état fondamental : si une particule, sous l'influence d'un événement quelconque, quitte son état à énergie négative et se place dans un état à énergie positive, elle devient par là même subitement observable ; et le vide, le « trou » qu'elle a laissé dans la mer le devient lui aussi. Dans ce schéma, ce trou n'est autre que l'antiparticule, apparue simultanément avec la particule. Une particule et son antiparticule ne peuvent donc se manifester que par paire, l'une en même temps que l'autre.

Une petite histoire racontée à Dirac alors qu'il était tout jeune a sans doute joué son rôle dans la façon qu'il a eue d'imaginer que l'électron et le positron ne peuvent être créés l'un sans l'autre, donc apparaître isolément : un jeune prêtre irlandais, qui vient d'être affecté à une nouvelle paroisse, décide de rendre une visite de courtoisie à tous les habitants du village afin de faire connaissance avec ses ouailles. Un jour qu'il frappe à la porte d'une ferme, une jeune femme lui ouvre et le fait entrer dans la pièce principale, pleine d'enfants.

« Combien avez-vous donc d'enfants, madame ? demande le prêtre.

– Nous avons cinq paires de jumeaux, mon père.

– Vous et votre mari, vous faites donc toujours des jumeaux ?

– Oh non, mon père, parfois nous ne faisons pas d'enfant du tout [1] ! »

Il semble que cette anecdote ait très fortement marqué Dirac car il l'a lui-même souvent répétée. Elle avait les moyens de le faire parler !

À la fin de l'année 1931, Dirac a une confiance absolue dans son équation : il est enfin parvenu à lui faire dire ce qu'elle a de plus profond à dire. Et n'est-elle pas extrêmement « belle » ? Cet argument ne saurait toutefois suffire aux autres physiciens, pour qui la physique est aussi et surtout affaire d'expérience. Même si ce n'est plus le problème de Dirac, ils voudraient pouvoir vérifier que sa prédiction de l'existence d'une antiparticule de l'électron est bien confirmée dans les faits. La réponse sera rapidement

1. Cette histoire est rapportée par Abraham Pais, « Playing with Equations », dans Behram Kursunoglu et Eugene Wigner (dir.), *The Dirac's Way. Reminiscences about a Great Physicist : Paul Adrien Maurice Dirac*, *op. cit.*, p. 111.

apportée par un jeune étudiant américain, Carl Anderson, qui s'intéresse de très près au rayonnement cosmique, mais ne connaît rien aux travaux de Dirac, si ce n'est par ouï-dire. Ignorant que l'existence du positron a été prédite, celui-ci souhaite simplement mieux comprendre la nature des divers « rayons » qui proviennent de l'extérieur de la Terre et sont absorbés par les couches basses de l'atmosphère.

Doté de jarrets et de poumons puissants, Anderson grimpe aux sommets des montagnes de Pasadena pour y effectuer diverses mesures (en altitude, le rayonnement cosmique est plus intense qu'au niveau de la mer). Il est équipé d'une chambre de Wilson, un instrument très sensible pour l'époque, capable de détecter les particules électriquement chargées qui le traversent, en rendant visibles les traces laissées sur leur passage [1]. Ces traces sont courbées par le champ magnétique dans lequel baigne le détecteur, et le sens de la déviation que subit une particule indique le signe, positif ou négatif, de sa charge électrique.

En août 1932, aussi fier qu'un altimètre au mont Blanc, Anderson a déjà accumulé 1 300 photographies de traces de rayons cosmiques. Toutes semblent correspondre à des électrons, sauf une quinzaine d'entre elles qui sont déviées dans l'autre sens, ce qui laisse penser que leur charge électrique est l'opposée de celle de l'électron, c'est-à-dire positive.

Dans un premier temps, Anderson conclut à « l'existence apparente de particules chargées positivement dont la masse semble petite comparée à celle du pro-

1. En un certain sens, la physique des particules est une musique « de chambres ». En 1950, Donald Glaser, étudiant de Carl Anderson, inventa un nouveau détecteur de particules, la chambre à bulles, qui fut elle-même détrônée par les chambres à fils de George Charpak.

ton [1] ». Puis, affinant son analyse, il publie un second article, en mars 1933, intitulé « The Positive Electron » [2], dans lequel il attribue à cette particule une charge positive, « probablement égale à celle du proton », et une masse « égale à un vingtième de la masse du proton » – ce qui se révélera faux d'un facteur cent ! Même si Anderson ne fait aucun rapprochement avec les prédictions de Dirac, qu'il ne cite pas, c'est bien du positron qu'il s'agit, c'est-à-dire de l'antiparticule de l'électron, de même masse que lui (soit 1/2 000e de la masse du proton, et non 1/20e) et de charge électrique exactement opposée.

Quelle est la morale de cette histoire ? D'abord, que Dirac a trouvé la bonne équation relativiste pour l'électron, et qu'il a su en tirer les implications : à l'électron est associée une antiparticule, qu'il est possible de mettre au jour. Ensuite, que l'absence de communication entre théoriciens et expérimentateurs ne date pas d'aujourd'hui. À elle seule, elle fait perdre beaucoup de légitimité aux narrations positivistes, si fréquentes en histoire des sciences, notamment dans les manuels d'enseignement : les calculs de monsieur Machin prédisaient que ; monsieur Bidule, qui voulait vérifier les prédictions de monsieur Machin, réalisa une expérience qui montra que. À propos de sa découverte, voici ce que Carl Anderson racontera plus tard : « Il a été souvent dit que la découverte du positron avait été une conséquence de la prédiction théorique de Paul Dirac, mais cela n'est pas exact. La découverte du positron a été tout à fait accidentelle. En dépit du fait que la théorie relativiste de l'électron de Dirac était une excel-

1. Carl David Anderson, *Science*, 76, 1932, p. 238.

2. *Physical Review*, 43, 1933, p. 492. Cet article vaudra à Carl Anderson le prix Nobel de physique en 1936.

lente théorie du positron, et en dépit du fait que cette théorie était connue de presque tous les physiciens, elle ne joua aucun rôle dans la découverte du positron [1]. »

La réalité du positron ne tarde pas à être confirmée par d'autres équipes : en février 1933, deux jeunes physiciens du laboratoire Cavendish à Cambridge, Patrick Blackett et Giuseppe Occhialoni, présentent un travail expérimental qui corrobore et surtout précise les conclusions de Carl Anderson quant aux propriétés du positron : au contact d'un morceau de matière, il disparaît soudain pour laisser place à deux photons de haute énergie. Quelques semaines plus tard, à Paris, Irène et Frédéric Joliot-Curie vont confirmer l'ensemble des prédictions de Dirac [2]. D'une part, ils apportent la preuve expérimentale que des rayons gamma (en l'occurrence ceux émis par des noyaux de thorium) sont capables de se matérialiser en paires formées d'un électron et d'un positron ; d'autre part, que les positrons « s'annihilent » au contact des électrons.

L'affaire du positron, enclenchée par Dirac, a démarré sur les chapeaux de roues. Elle connaît ensuite d'autres développements, théoriques aussi bien qu'expérimentaux, car on se rend vite compte que les raisonnements de Dirac ne sont nullement spécifiques de l'électron. Ils s'appliquent également aux autres particules de matière, le proton et le neutron, qui doivent donc avoir chacun une antiparticule : l'antiproton, de même masse que le proton, et l'antineutron, de même masse que le neutron. Mais étant l'une et l'autre

1. Cette phrase est citée dans Laurie Brown et Lillian Hoddeson (dir.), *Birth of Particle Physics*, New York, Cambridge University Press, 1983, p. 140.

2. Frédéric Joliot, *Preuve expérimentale de l'annihilation des électrons positifs*, Comptes rendus des séances de l'Académie des sciences, tome 197, 1933, p. 1622.

beaucoup plus lourdes que l'électron, ces antiparticules ont été beaucoup plus difficiles à mettre en évidence. Ce n'est qu'en 1955, vingt-deux ans après la découverte du positron, que quatre physiciens installés en Amérique, Emilio Segrè, Owen Chamberlain, Clyde Wiegand et Tom Ypsilantis, découvrent l'antiproton puis, l'année suivante, l'antineutron. Dans les deux cas, la découverte est réalisée non plus en observant le rayonnement cosmique, mais en utilisant le Bevatron de Berkeley, un gigantesque accélérateur de protons précisément construit en 1954 dans le but de créer des antiprotons et des antineutrons [1].

Aujourd'hui, en plus de l'électron, du proton et du neutron, les physiciens ont identifié plusieurs centaines d'autres particules. Chacune d'elles a son antiparticule associée, et toutes ces antiparticules constituent ce qu'on appelle depuis les années 1950 l'antimatière [2]. Les idées de Dirac à propos de l'électron se sont ainsi rapidement généralisées à tous les constituants de la matière.

Du point de vue théorique, la nécessité de l'existence de l'antimatière a été bien comprise dès les années 1940, notamment grâce aux travaux de Wolfgang Pauli, finale-

1. Les protons de haute énergie produits par l'accélérateur étaient projetés à grande vitesse sur une cible. En vertu de l'équivalence entre l'énergie et la masse ($E = mc^2$), leur énergie cinétique pouvait alors se matérialiser en de nouvelles particules, dont certaines furent des antiprotons et des antineutrons.

2. Nous autres, êtres humains, émettons… de l'antimatière. Notre squelette contient du potassium 40, résidu des fournaises stellaires qui ont produit la matière terrestre il y a plus de cinq milliards d'années. Étant radioactifs, les atomes de potassium 40 sont condamnés à se transformer en atomes de calcium 40, en émettant un électron et une antiparticule appelée « antineutrino ». C'est ainsi qu'un être humain de taille normale répand dans l'espace environ 4 000 antineutrinos par seconde.

ment réconcilié avec les énergies négatives : elle est liée au principe de causalité, qui ordonne les événements dans le temps selon un enchaînement irrémédiable. L'apparition des énergies négatives dans les solutions de l'équation de Dirac ne faisait rien d'autre que manifester, dans le cadre de la physique des particules, une impossibilité fondamentale : celle de voyager dans le temps [1].

Devançant tous ses collègues, Dirac a donc vu juste. De son puissant silence est sorti un tout nouveau monde, un monde révolutionnaire jusque-là caché, souterrain, mais qui a fini par faire grand bruit. Grâce à son équation, le contenu de l'univers s'est comme dédoublé : sous l'effet d'impératifs indicibles, l'antimatière a surgi du vide tel l'écho obligé de la matière [2].

Dès 1933, c'est-à-dire l'année même de la découverte du positron, Paul Dirac se voit attribuer le prix Nobel, conjointement avec Erwin Schrödinger (chacun pour l'équation qui porte son nom). Au fond de lui-même, Dirac est heureux, bien sûr, mais n'en laisse rien paraître. Dans un premier temps, il veut même refuser le prix : peu doué pour les acrobaties médiatiques et détestant tout ce qui pourrait ressembler à de la publicité, il ne souhaite surtout pas devenir célèbre. Lui, l'alpiniste, aurait volontiers fait sienne la phrase de Louis Lachenal, ce grimpeur discret, surnommé le

1. Pour en savoir plus, voir Étienne Klein, *Les Tactiques de Chronos*, Paris, Flammarion, 2003.

2. Les physiciens savent aujourd'hui que l'équation de Dirac n'est qu'une approximation d'une théorie plus générale, appelée l'électrodynamique quantique. Elle échoue notamment à rendre compte de deux données expérimentales découvertes l'une comme l'autre en 1947 : le *lamb shift* de l'atome d'hydrogène et le moment magnétique « anormal » de l'électron.

« prince des Grandes Jorasses », qui écrivit à son retour de l'Annapurna : « La gloire est une affaire privée [1]. »

Mais Dirac n'a pas vraiment le choix : Ernest Rutherford, lauréat du prix Nobel de chimie en 1908 et grand habitué des cérémonies suédoises, lui explique qu'il aura affaire à plus de journalistes encore s'il refuse le prix. Dirac se résigne à aller chercher sa prestigieuse distinction à Stockholm, mais se fait accompagner par sa mère, expressément chargée de faire écran entre lui et la presse. Madame Dirac mère accomplit fort bien sa mission, sans toutefois parvenir à masquer l'embarras de son glorieux fils lorsqu'il se trouve en présence de l'autre sexe : un journal londonien le trouve « aussi timide qu'une gazelle et aussi modeste qu'une femme de chambre victorienne », et le surnomme « le génie qui avait peur de toutes les femmes » [2]. Mais, là encore, c'est avant qu'il n'épouse Margit Wigner.

Pendant les trente années qui suivent, en marge de son poste de professeur « lucasien » de mathématiques à l'université de Cambridge, chaire qu'occupa Isaac Newton [3], Dirac se consacre aux problèmes fondamentaux de la physique [4]. À l'heure de la retraite, en 1970, il

1. Louis Lachenal, *Carnets du vertige*, Chamonix, Éditions Guérin, 2001. Les candidats aux émissions de type Loft Story devraient méditer cette phrase.

2. *Sunday Dispatch* du 19 novembre 1933.

3. Cette chaire est actuellement occupée par Stephen Hawking.

4. Paul Dirac s'intéressa bien sûr toute sa vie à la physique des particules, notamment au développement de l'électrodynamique quantique accompli par Feynman, Schwinger et Tomonoga. Il consacra également beaucoup d'énergie à l'étude du monopôle magnétique, dont l'existence demeure hypothétique, ainsi qu'à la cosmologie, pour laquelle il suggéra que les constantes fondamentales de la

accepte le poste de professeur de physique que lui propose l'université de Floride, et s'installe avec Margit dans une petite ville tranquille, Tallahassee. Il fait de longues randonnées, nage régulièrement dans les grands lacs ou dans l'océan et continue activement ses recherches. En douze ans, il publie soixante articles, et même un petit livre sur la relativité générale [1]. Il travaille en solitaire, toujours, à l'écoute de sa propre musique, sans beaucoup lire les travaux de ses confrères. Fidèle à lui-même et au risque de s'enfermer parfois dans des impasses conceptuelles [2], jamais il n'accorde le moindre « mou » à son inextinguible exigence d'élégance. Et jamais, bien évidemment, il ne devient prolixe.

À bien y réfléchir, la véritable clé du laconisme de Dirac est peut-être contenue dans ce syllogisme :

– parler pour dire autre chose que la vérité du monde n'a guère d'intérêt ;
– or la vérité du monde ne s'exprime que par des équations mathématiques, qui, par nature, ne peuvent être

---

physique aient pu varier au cours de l'histoire de l'univers. On lui doit aussi d'avoir proposé, en 1959, le terme de « graviton » pour désigner la particule médiatrice de la gravitation. Ceux qui pensent que ce théoricien pur sucre était rétif à l'idée de toute application pratique seront surpris d'apprendre qu'il fut par ailleurs l'inventeur de la méthode de centrifugation pour la séparation des isotopes d'un même élément chimique.

1. Paul Dirac, *General Theory of Relativity*, New York, Wiley, 1975.

2. Par exemple, à ses yeux, l'électrodynamique quantique n'avait pas atteint sa forme finale, parce que la façon qu'elle avait de se débarrasser (par la procédure dite de « renormalisation ») des quantités infinies qui apparaissaient dans ses calculs manquait cruellement… d'élégance ! La suite de l'histoire n'a pas vraiment donné raison aux objections de Dirac sur ce point.

traduites en paroles et qui sont certainement plus intelligentes que nous ;
– donc, mieux vaut se taire en général plutôt que parler pour ne rien dire qui soit vrai.

La langue qu'utilisait Dirac n'était pas celle des autres hommes : autres mots, autres choses à désigner, autre syntaxe, autre débit. D'où l'étrangeté radicale et fascinante du personnage, sa difficulté à communiquer, à s'accorder avec les autres, à traduire ses pensées. Peut-être ne pensait-il pas à l'aide des seuls mots ? On songe à cette phrase énigmatique de Jacques Lacan, dont Dirac aurait sans doute pu saisir, au plus profond de lui-même, le sens véritable : « Tout le monde n'a pas le bonheur de parler chinois dans sa propre langue. »

Le découvreur de l'antimatière mourut en Floride le 20 octobre 1984, deux mois après son quatre-vingt-deuxième anniversaire. On enterra cette sorte de géant dans le petit cimetière de Tallahassee. Le magazine *Times* signala sa disparition par une notice nécrologique très courte. Les journaux français ne l'évoquèrent pratiquement pas. Étrange phénomène, parfois, que le laconisme… de la presse.

IV

LES FANTÔMES DE MAJORANA

Je constatais que je ne ressemblais à personne et que personne ne me ressemblait. Je me disais : « Je suis seul, tandis qu'eux, ils sont tous ! »

Dostoïevski, *Le Sous-sol.*

Être souvent seul, méditer sur soi-même, et faire de soi tout l'univers, cela peut être la source de grandes joies, mais c'est aussi travailler à une sorte de philosophie qui justifie et permet le suicide. Aussi est-il bon d'avoir un ami ou une amie qui vous attache au monde et vous retienne de sombrer tout à fait.

Lichtenberg, *Aphorismes*

« Taille : 1,68 m. Visage allongé, grands yeux vifs, cheveux noirs, teint mat. Pardessus gris fer, chapeau marron foncé. » C'est ainsi qu'est sobrement décrit Ettore Majorana, physicien de génie âgé de trente et un ans, dans une note du ministère de l'Intérieur italien envoyée à toutes les polices : datée du 31 mars 1938, elle marque l'ouverture des recherches pour retrouver le jeune Sicilien, « avec la plus grande discrétion vis-à-vis de l'intéressé », porté disparu quelques jours plus tôt.

Le 25 mars 1938, à 22 h 30 précises, Majorana quitte Naples à bord du paquebot-poste qui effectue la liaison avec Palerme. Quelques heures auparavant, il a adressé une lettre à son ami Antonio Carelli, directeur de l'Institut de physique de Naples, pour lui annoncer « une décision désormais inéluctable » : la vie en général et la sienne en particulier sont inutiles. La lettre se termine sur ces mots ambigus : « De vous tous [ses collègues de l'Institut] je conserverai un affectueux souvenir au moins jusqu'à 11 heures ce soir, et, si cela est possible, même après. » Et si cela est possible… Majorana croit-il pouvoir emporter dans la mort comme une mémoire de ses proches ou bien se pressent-il encore capable de ne pas renoncer à ce monde ?

Le lendemain matin, 26 mars, il envoie de Palerme un télégramme au même ami, lui demandant expressément de ne pas tenir compte de la lettre qu'il va recevoir et lui annonçant qu'il va reprendre le paquebot-poste pour Naples le soir même. Antonio Carelli reçoit la lettre et le télégramme, ainsi qu'une seconde lettre expédiée de Palerme le même jour, dans laquelle on trouve un vague indice, sous la forme d'une remarque énigmatique : « La mer m'a refusé (*il mare mi ha rifiutato*). » Le projet de sauter par-dessus bord sans être vu aurait-il échoué lors du voyage aller, obligeant Majorana à remettre sa tentative au voyage retour ?

Le 28 mars 1938, l'illustre physicien Enrico Fermi, alors sur le point d'obtenir le prix Nobel pour ses découvertes en physique nucléaire, apprend que son plus brillant confrère demeure introuvable. Bouleversé par la nouvelle, il saisit aussitôt un téléphone, appelle tous ceux qui pourraient le renseigner, puis, tentant de retrouver son calme, écrit à celui qui tient le pays d'une main de fer, Benito Mussolini. Les deux hommes se connaissent : neuf ans plus tôt, Fermi n'avait alors que vingt-huit ans, le Duce l'a nommé membre de l'Académie royale d'Italie, institution qu'il venait tout juste de créer pour faire concurrence à l'académie des Lynx dominée par les antifascistes. Le message de Fermi est clair, et il sera entendu, comme en témoigne la note rapidement adressée à toutes les polices [1] : tout, absolument tout, doit être mis en œuvre pour retrouver Majorana. Et rapidement.

Pourquoi un tel impératif ? Une telle urgence ? Parce qu'il existe diverses catégories d'hommes de science, prend soin d'expliquer Fermi à Giuseppe Cocconi, son plus jeune collaborateur qui n'a fait que croiser Majorana : les scientifiques de deuxième rang, hommes de la périphérie inaptes à se relier au centre même de la science, qui font simplement de leur mieux mais ne vont jamais très loin ; les scientifiques de premier rang, qui parviennent à des découvertes importantes pour le développement de la science (Fermi se place lui-même dans cette catégorie) ; enfin, les génies, seuls capables de percées décisives [2]. Et Majorana est un authentique génie, de la même trempe que Galilée et Newton, avec des dons

1. Et cela bien que Fermi, qui jamais n'éprouva la moindre sympathie pour la doctrine fasciste, ne fût déjà plus en odeur de sainteté en Italie. Dans un climat de politique des plus pesants, il saisit l'occasion de la remise du prix Nobel à Stockholm en décembre 1938 pour fuir, à bord du paquebot *Franconia*, aux États-Unis, où il était invité par l'université de Columbia à donner une série de cours. Les lois raciales étaient en cours de promulgation en Italie et Fermi craignait pour son épouse, Laura, qui était de confession juive.

2. Ces propos de Fermi sont rapportés dans la préface du livre *Ettore Majorana. Notes on Theoretical Physics*, édition de Salvatore Esposito, Alwyn van der Merve et Erasmo Recami, Dordrecht, Kluwer, 2004, p. XIII.

qu'il est le seul à posséder à son époque. Mais Fermi ajoute aussi qu'il manque à son jeune collègue ce qu'il est commun de trouver chez les autres hommes : le simple bon sens, une sorte de pragmatisme ordinaire sans quoi la vie quotidienne tourne facilement au désastre.

Depuis ce 26 mars 1938, nulle trace d'Ettore Majorana, en dépit de toutes les recherches menées par la police italienne pendant les semaines qui ont suivi. En dépit aussi des efforts de sa mère, qui a fait jouer ses amitiés et publier de nombreux appels dans la presse, photographies du prodige et promesse de récompense à l'appui. Plusieurs hypothèses ont été émises, des plus plausibles aux plus improbables, sans qu'aucune ait pu être vérifiée : suicide, assassinat, mort accidentelle, enlèvement par des services secrets étrangers, fuite en Amérique du Sud... voire refuge dans un monastère à la suite d'un sombre pressentiment – le monde de la physique serait en passe de se mettre au service de la violence la plus radicale.

Des années plus tard, en 1975, l'écrivain sicilien Leonardo Sciascia, fasciné par son compatriote, lui consacrera un roman, *La Disparition de Majorana* [1]. Il imaginera que le physicien a choisi de disparaître en Argentine pour des raisons éthiques : il aurait entrevu que les recherches menées en physique nucléaire allaient conduire au développement rapide de la bombe atomique. Mais cette interprétation résiste mal à l'épreuve de l'histoire des sciences.

Certes, l'ère nucléaire a déjà commencé, depuis ce jour d'octobre 1934 où Enrico Fermi et ses jeunes collègues ont démontré qu'un faisceau de neutrons envoyé sur des

1. Ce roman célèbre, *La Scomparsa di Majorana*, fut d'abord publié en feuilleton dans *La Stampa*.

noyaux atomiques peut provoquer leur instabilité, à condition qu'il soit d'abord ralenti par un élément « modérateur » [1]. Mais ce n'est qu'à la toute fin de l'année 1938, c'est-à-dire plusieurs mois après la disparition de Majorana, que la propriété qu'a l'uranium 235 de pouvoir fissionner est découverte, par hasard et sans avoir été prédite par quiconque. Il n'existe du reste aucune note, aucune lettre de Majorana pour attester la prémonition qu'un tel phénomène physique fût possible [2].

Leonardo Sciascia sera d'ailleurs vivement pris à parti par le physicien Edoardo Amaldi, qui a bien connu Majorana : pour lui, le suicide ou la disparition de son collaborateur n'était nullement l'expression d'un refus de

1. Fermi avait placé dans le faisceau de neutrons un morceau de paraffine, substance riche en protons. De la même façon qu'une boule de billard est ralentie quand elle heurte une autre boule de même taille, les neutrons sont freinés par de multiples chocs avec les protons, ce qui augmente leur capacité à provoquer des réactions nucléaires lorsqu'ils sont envoyés sur d'autres atomes.

2. L'histoire peut être résumée ainsi : le 10 décembre 1938, Fermi obtint le prix Nobel pour ses découvertes en physique nucléaire. Moins de deux semaines après, Otto Hahn et Fritz Strassmann faisaient état de la présence de baryum dans un échantillon d'uranium qui avait été soumis à un bombardement de neutrons lents. Otto Fisch et Lise Meitner comprirent rapidement qu'il y avait là la preuve d'une « fission » de l'uranium : sous l'impact d'un neutron, certains noyaux d'uranium se scindent en deux noyaux plus petits, dont l'un peut être un noyau de baryum. Cette réaction nucléaire s'accompagne de l'émission de deux ou trois neutrons susceptibles d'induire une « réaction en chaîne ». Celle-ci ne devait pas tarder à être maîtrisée : à peine quatre ans plus tard, le premier réacteur nucléaire, construit à Chicago sous la direction personnelle de Fermi, produisit la première réaction nucléaire en chaîne contrôlée par l'homme. Toutes ces découvertes furent rapidement emportées dans le maelström de la Seconde Guerre mondiale.

la science en train de se faire, mais l'aboutissement d'un désarroi intime très profond [1]. Aujourd'hui encore, les circonstances de la disparition de Majorana demeurent mystérieuses. Ses motivations aussi, même si l'on peut avancer quelque idée sur la question.

Il naît à Catane le 5 août 1906, l'année de la découverte de l'atome par Jean Perrin, au sein d'une famille prestigieuse qui a donné à la jeune nation italienne des ministres, des députés et un physicien, Quirino Majorana, oncle d'Ettore. C'est un enfant fluet, sensible, timide et introverti, mais qui manifeste dès l'âge de quatre ans des dons exceptionnels, notamment en arithmétique. À l'école, il apprend à une vitesse et avec une facilité déconcertantes. Il communique peu avec ses semblables, mais se montre audacieux, à l'occasion. Sa sœur Maria a raconté qu'un jour, âgé d'une douzaine d'années, il se mit au volant de la voiture familiale – évidemment sans savoir conduire – et l'envoya d'emblée contre un mur, conformément aux lois de la physique classique. Le corps de Majorana conserva un souvenir indélébile de cette interaction brutale avec le monde réel, sous la forme d'une longue cicatrice à la main, curieusement oubliée dans la fiche descriptive du ministère de l'Intérieur du 31 mars 1938.

En 1921, ses parents l'envoient à Rome, d'abord au collège Massimo, dirigé par les pères jésuites, puis au lycée d'État Torquato Tasso. Il n'a pas dix-sept ans lorsque, son baccalauréat en poche, il entreprend des études d'ingénieur à l'université de Rome, où il obtient des notes excellentes. Si l'on se fie à la photographie qui

1. Edoardo Amaldi fut le premier biographe de Majorana (*La Vita e l'opera di E. Majorana, 1906-1938*, Rome, accademia dei Lincei, 1966).

figure sur sa carte d'étudiant, Majorana a comme un regard traversant : il semble voir loin, au-delà des choses, au-delà du monde visible.

Jeune homme, il ne pratique aucun sport, fume à une cadence d'essuie-glace et se montre toujours aussi réservé avec ses proches. Que dire des femmes ? Rien, puisque lui-même n'en parle pas. Il parvient tout de même à se lier d'amitié avec un camarade de classe, Emilio Segrè. Tous deux ont le même âge, le bel âge : vingt ans. À la faveur de cette relation, Majorana entend parler pour la première fois d'Enrico Fermi, brillant autodidacte âgé de vingt-cinq ans [1] et déjà à la tête d'un groupe de chercheurs en physique atomique et moléculaire : un matin de juin 1927, Emilio, enthousiaste, lui raconte la conférence que Fermi a donnée la veille sur la physique quantique, discipline toute neuve et encore peu connue en Italie. « Il est évident, dit Emilio, que Fermi sait de quoi il parle. » Et pour cause.

Ledit Fermi est passé par les meilleurs endroits : l'université de Göttingen d'abord, où il a appris la physique quantique avec Max Born, Werner Heisenberg et Pascual Jordan ; puis celle de Leyde, où il a travaillé avec Paul Ehrenfest, fait la connaissance d'Albert Einstein et de Hendrick Lorentz. Qu'il soit doué aussi bien pour la théorie que pour l'expérimentation impressionne tous les scientifiques qui le croisent.

Subjugué par la personnalité et la prestance de Fermi, Segrè décide d'abandonner sur-le-champ ses études d'ingénieur pour se consacrer à la physique. Il se fait

1. La physique théorique n'était quasiment plus enseignée dans l'Italie des années 1920. Enrico Fermi l'a apprise seul. À l'âge de dix-sept ans (comme Wolfgang Pauli), il connaissait déjà l'essentiel de la théorie de la relativité générale d'Einstein.

connaître auprès de son auguste compatriote, qui vient justement de lancer une campagne de recrutement parmi les étudiants les plus prometteurs d'Italie. Car Fermi a bien conscience du retard de son pays en matière de physique. Il veut faire de l'Institut de physique de Rome un centre de recherche de renommée internationale. Pour cela, il a besoin de former un groupe jeune, vivant, solidaire, productif : une sorte de famille, au sein de laquelle les rapports scientifiques et personnels seraient fortement intriqués. Pressé de constituer sa *dream team*, il décide de faire passer des « tests » à sa façon, aussi bien scientifiques que psychologiques, en se fiant à son intuition et à son flair. C'est un meneur d'hommes en puissance.

L'été suivant, à l'occasion de baignades en mer et de randonnées dans les Dolomites, Fermi et Segrè vont pouvoir se jauger, s'éprouver : « Nous allâmes à plusieurs reprises au bord de la mer, raconte Segrè. Alors, Fermi me testait en me soumettant des problèmes. Un jour, il me demanda : "Eh bien, comment ferais-tu ceci ?" Il tenait une corde assez lourde, qui se balançait, fixée à un bout, et il fallait que j'en étudie les oscillations. Il voulait savoir s'il avait trouvé quelqu'un à faire entrer en physique. Je le flairais aussi, plus ou moins. C'était un processus réciproque [1]. » Finalement, convaincu des talents de Segrè, Fermi lui propose d'intégrer son groupe et n'aura pas à le regretter. Son jeune protégé obtiendra même le prix Nobel de physique en 1959 pour la découverte de l'antiproton.

On appelle ce groupe de jeunes physiciens les *ragazzi di via Panisperna* [2], du nom de la rue où se trouve l'Ins-

1. Emilio Segrè, *Entretiens*, déposés au Center for History of Physics à l'American Institute of Physics, New York, p. 2.

2. Les « garçons de la rue Panisperna ».

titut, au n° 89A. Parmi eux figurent Edoardo Amaldi, Bruno Pontecorvo, Giulio Racah, Franco Rasetti, Enrico Persico, qui deviendront rapidement célèbres dans le petit monde de la physique.

Quelques semaines après son admission, Segrè coopte Majorana, en se contentant de dire à Fermi que son ami est un prodige, tout simplement. Fermi ne reçoit Majorana qu'une seule fois, de façon très brève, et, sans lui faire passer le moindre test, il lui ouvre les portes de son Institut. Au tout début de l'année 1928, notre homme abandonne à son tour ses études d'ingénieur et s'en va lui aussi rejoindre le groupe des *raggazi di via Panisperna*, qui déborde de vitalité et d'enthousiasme. Si petite soit-elle (selon les critères actuels), cette équipe rassemble désormais toutes les compétences nécessaires pour identifier les problèmes essentiels que rencontre la physique de l'atome, puis fondre sur eux. Et elle ne va pas s'en priver, faisant preuve d'une agilité intellectuelle impressionnante.

L'Institut de physique de Rome est une sorte d'imposante villa de trois étages, élégante et paisible, avec des volets à jalousies. Construite en 1880 en plein centre ville, sur le terrain d'un ancien monastère, elle est entourée d'un magnifique jardin aux allées bordées de palmiers et de bosquets de bambous. Chaque jour, en fin d'après-midi, dans une petite salle, Fermi, à peine plus âgé que ses étudiants, organise des séminaires informels, plutôt que de véritables cours, sur les sujets les plus divers et les plus novateurs : théorie du corps noir, analyse tensorielle, équation de Schrödinger, mécanique des matrices de Heisenberg, spectroscopie atomique, théorie de la dispersion en optique, théorie de Dirac sur le spin de l'électron, tout y passe. Enrico Fermi est le premier physicien d'Italie à avoir pris au sérieux la mécanique quantique, ainsi que la théorie de la relativité d'Einstein. Il veut donc les exposer de façon claire, et sous tous leurs aspects, aux membres de son groupe. Sa pédagogie est à la fois lumineuse et pragmatique : il va droit au but, à l'essentiel, et parvient à faire comprendre les choses en ne sollicitant que le minimum d'appareillage mathématique.

Mais ces jeunes physiciens ont beau maîtriser le formalisme naissant de la physique quantique et reconnaître son efficacité, la plupart d'entre eux sont déconcertés. Ils la jugent trop contraire au bon sens : quand une science semble si éloignée du monde réel, quand ses concepts sont si décalés par rapport aux concepts classiques, n'est-ce pas plutôt de foi qu'il s'agit ? Ils surnomment vite Fermi « le pape », car il est le seul à dominer vraiment la nouvelle théorie, et promeuvent son bras droit Franco Rasetti « vicaire cardinal » : celui qui prétend ne rien comprendre à la physique quantique est pourtant amené à remplacer « le pape » lorsqu'il s'absente.

Un beau jour de 1928, Enrico Persico, ami d'enfance de Fermi et membre du groupe depuis ses débuts, débarque dans la salle de physique expérimentale en criant qu'il est porteur de mauvaises nouvelles. Il revient de Turin : « Là-bas, personne ne croit à la physique quantique ! » « Le pape » s'inquiète, nomme sur-le-champ Enrico Persico « cardinal responsable de la propagation de la foi » et le charge de prêcher la nouvelle théorie auprès des incroyants.

Très vite, lors des discussions qui suivent les séminaires de Fermi, Majorana étonne ses collègues par la vivacité de son intelligence. Si son corps frêle et son teint pâle n'en imposent guère, il y a chez lui une capacité de calcul exceptionnelle, une aptitude singulière à l'abstraction et sa mémoire est prodigieuse. Il fréquente assidûment la grande bibliothèque de l'Institut. Assis dans un coin, il lit, assimile à une vitesse stupéfiante les articles révolutionnaires de Wolfgang Pauli, de Paul Dirac, de Werner Heisenberg, de Hermann Weyl, sans jamais demander le moindre éclaircissement à quiconque. On le voit noircir des pages de son écriture serrée, sans jamais raturer, avec son regard magnétique, entièrement tendu vers l'exactitude. Comme Arthur Rimbaud ou Évariste Galois, il est doué, naturellement doué, monstrueusement doué. C'est un « génie effrayant », pour reprendre le mot de Paul Valéry à propos de Blaise Pascal, capable d'effectuer mentalement, en vingt ou trente secondes, le calcul exact d'intégrales définies suffisamment compliquées pour demander à un mathématicien habile un nombre important d'étapes. Même Fermi, esprit rapide s'il en est, n'en revient pas.

Le cerveau de Majorana est un miracle profane. Ce jeune homme de vingt et un ans possède l'invraisemblable talent de « savoir penser » et de « savoir faire » comme personne, et sans avoir jamais eu à apprendre. C'est une évidence : la physique théorique est pour lui ce que la respiration est pour tout un chacun et ce que la musique fut pour Mozart, une fonction naturelle. Il théorise et calcule comme le rossignol chante.

Dès 1928, il publie un premier article sur les niveaux d'énergie autorisés dans l'atome de césium, qui a la propriété d'avoir un électron « célibataire » [1]. Ce travail est remarqué d'emblée pour l'élégance avec laquelle sont

1. Le césium fait partie de la famille des métaux alcalins. Ses atomes possèdent un seul électron de valence, dit « célibataire », qui est dans un état physique différent des autres.

menés les calculs [1]. Un an plus tard, à l'université de Rome, il obtient son doctorat de physique, consacré à l'étude des noyaux radioactifs. Pour lui, un exercice comme un autre…

En contrepoids à cette incroyable facilité, il y a sa personnalité, difficile, douloureuse sans doute, qui ne le porte guère à goûter la vie, à profiter du moment qui passe, des amitiés qui pourraient s'offrir. Mais Majorana va plus loin, il pourfend la médiocrité et l'esbroufe sans complaisance aucune, ni pour lui ni pour les autres. Il s'exprime peu, mais toujours avec l'aplomb d'un arbitre. Son esprit critique intimide tout le monde. Il est misanthrope, caustique, pessimiste. On se plaît à le surnommer « le grand inquisiteur » car il est le seul à pouvoir parler d'égal à égal avec « le pape ».

Pourtant, à la différence de Fermi, son aîné, Majorana n'a aucun sens pratique. Il est même une caricature de théoricien pure souche. Jamais il ne participe à la moindre réalisation expérimentale. Il n'a toutefois pas le dédain qu'éprouvent souvent les théoriciens pour le travail des expérimentateurs : lui connaît parfaitement les résultats importants des expériences menées par ses collègues, en Italie ou ailleurs. Il ressemble, sur ce point, à un autre grand théoricien, Wolfgang Pauli. Sur ce point seulement car, jamais satisfait de ses travaux, il utilise beaucoup la corbeille à papier ; il publiera très peu, bien que ses innombrables cahiers, connus sous le nom de *Petits volumes*, contiennent sans doute des trésors qu'aujourd'hui encore des chercheurs viennent déchiffrer.

1. « Sullo sdoppiamento dei termini roentgen ottici a causa dell eletrone rotante e sulla intensiva delle righe del cesio », *Rendiconti accademia dei Lincei*, 8, 1928, p. 229-233.

Entre 1928 et 1932, il n'écrit que sept articles scientifiques en bonne et due forme, dont six portent sur la physique atomique et moléculaire, et un dans lequel il examine avec une clairvoyance tranquille les rapports, vrais ou supposés, qui existent entre la physique et les sciences sociales [1]. Tous sont empreints d'élégance et d'originalité.

Il faut dire que Majorana est transgressif sans le vouloir : ses idées scientifiques sont d'avant-garde ou se déploient hors des sentiers battus. Affaire de génie, c'est entendu, mais aussi de style : il atteint des profondeurs inégalées dans la compréhension des phénomènes physiques en y décelant des symétries ou des structures mathématiques nouvelles. À l'instar de Dirac, Majorana est convaincu qu'une certaine austérité formelle régit l'économie de la nature, qu'il tente d'exprimer par des équations les plus universelles possible.

Très vite, on se met à parler de lui, en Italie bien sûr, mais aussi à l'étranger. Des invitations lui parviennent, de Cambridge, de Yale, de Moscou. Il les décline toutes. Il ne veut pas quitter Rome. Pressent-il déjà qu'il n'est pas fait pour les voyages ?

Du point de vue de la production scientifique, les années 1931 et 1932 sont sans doute les années prodigieuses de Majorana. C'est pendant cette période qu'il rédige un article qui sera l'un des plus cités dans la littérature spécialisée : « Atomes orientés dans un champ magnétique variable [2] ». Majorana y décrit un phénomène qu'on utilise

1. Le titre de cet article est « La valeur des lois statistiques en physique et dans les sciences sociales » (*Scientia*, vol. 36, 1942, p. 55-66). L'époque à laquelle il fut rédigé demeure incertaine. Il ne fut publié qu'après la disparition de Majorana.

2. « Atomi orientati in campo magnetico variabile », *Nuovo Cimento*, 9, 1932, p. 43-50.

aujourd'hui dans différentes techniques d'imagerie : le moment magnétique d'un atome peut être inversé s'il traverse un champ magnétique rapidement variable. On parle de *spin flip*, qui est un retournement brutal du spin des atomes. Majorana exploite à merveille – c'est sa grande force – les symétries des états quantiques : il s'appuie autant que possible sur le fait que certaines grandeurs ne varient pas lorsqu'on fait subir au système certaines transformations. Une telle prise en compte simplifie les calculs tout en leur donnant une plus grande portée [1].

Quelques semaines plus tard, Majorana s'attaque à la rédaction d'un autre article très important, qui sera publié à la fin de l'année 1932 : « Théorie relativiste des particules de moment intrinsèque arbitraire [2] ». La seule présence du mot « arbitraire » montre qu'il s'agit là d'un travail visant une certaine universalité. Majorana y développe des arguments et des méthodes très en avance sur son temps, à tel point qu'ils ne seront compris que trois décennies plus tard.

En ce début des années 1930, les physiciens savent que les particules sont dotées d'une propriété interne, qu'ils appellent le spin, qui correspond à une sorte de rotation des particules sur elles-mêmes. Ils n'ignorent pas non plus que le spin d'une particule ne peut prendre que certaines valeurs particulières : il est soit quantifié par un nombre entier, soit par un nombre demi-entier (par exemple 1/2 ou 3/2). Les autres valeurs ne sont pas possibles. Pour décrire le comportement de ces particules en

1. Grâce à cette « économie » mathématique, Majorana parvint à prévoir et à calculer précisément la modification de la forme des raies spectrales d'un atome en présence d'un champ magnétique oscillant.

2. « Teoria relativistica di particelle con momento intrinseco arbitrario », *Nuovo Cimento*, 9, 1932, p. 335-344.

toutes circonstances, il faut pouvoir écrire des équations qui obéissent à la fois aux principes de la relativité, car ces particules peuvent être très rapides, et à ceux de la physique quantique, car leur dimension est infime. Or ces physiciens pensent qu'une telle description n'est envisageable que pour certaines particules seulement, celles dont le spin est nul, et celles, comme l'électron, dont le spin est égal à 1/2. Mais alors, qu'en est-il des autres ?

Majorana prend les choses en main sans l'aide de quiconque. Il commence par inventer une nouvelle méthode de représentation des groupes [1] (au sens mathématique du terme), puis démontre qu'en réalité une seule et même équation est capable de décrire les particules quelle que soit la valeur, entière ou demi-entière, de leur spin. Lorsque Wolfgang Pauli découvrira cet article fulgurant, en 1940, lui qui ne complimente personne déclarera être impressionné par sa portée conceptuelle. Aujourd'hui, plus de soixante-dix ans après sa publication, ce travail continue de faire l'admiration des théoriciens de la physique des particules.

Le 18 janvier 1932, un événement capital se produit qui va bouleverser les thèmes de recherche de Majorana : Frédéric et Irène Joliot-Curie publient une *Note aux comptes rendus de l'Académie des sciences* dans laquelle ils font état de leur découverte d'« un rayonnement extrêmement pénétrant » émis par certains éléments légers si on les bombarde avec des particules alpha [2]. Ils précisent

1. Cette méthode fut redécouverte des années plus tard par Eugene Wigner, prix Nobel de physique 1963.

2. Irène et Frédéric Joliot-Curie, « Émission de protons de grande vitesse par les substances hydrogénées sous l'influence de rayons γ très pénétrants », *Note aux comptes rendus de l'Académie des sciences du 18 janvier 1932*.

également les caractéristiques d'un tel rayonnement : si on le projette sur des substances qui, telle la paraffine, sont riches en hydrogène (c'est-à-dire en protons), il provoque l'émission de protons de haute énergie. Surpris et intrigués, les époux Curie en déduisent – à tort – que ce rayonnement est constitué de rayons déjà connus, mais de plus haute énergie : il s'agirait de rayons gamma capables d'expulser des protons grâce à un mécanisme analogue à l'effet photoélectrique, par lequel de la lumière envoyée sur un matériau peut en expulser des électrons.

Ettore Majorana prend connaissance de l'article des Français quelques jours après la parution. Il est à l'Institut, dans la bibliothèque, et lit leur texte d'une traite. Aussitôt, il comprend qu'ils viennent en réalité de découvrir une nouvelle particule, qui n'a rien à voir avec les rayons gamma : « Les cons [*stronzi*], ils n'ont pas compris que c'est le proton neutre ! » s'exclame-t-il. Comment expliquer pareille clairvoyance de la part du jeune Sicilien ? Par ses prodigieuses connaissances théoriques, bien sûr, mais aussi et surtout parce que, à la différence des Curie, il avait pris au sérieux une idée suggérée douze ans plus tôt à Cambridge par Ernest Rutherford : celle de « proton neutre ».

Le savant britannique avait constaté que la masse d'un noyau atomique est toujours plus grande que la masse totale des protons (chargés positivement) qu'il contient. Grâce à des mesures de plus en plus précises, il avait en outre remarqué que la différence de masse entre un noyau et ses protons est toujours un multiple entier de la masse du proton. Au sein des noyaux devaient donc exister d'autres particules que les protons, de même masse qu'eux mais dépourvues, elles, de charge électrique. Ces particules neutres de même masse que les protons,

Rutherford les avait tout simplement appelées « protons neutres », et il avait imaginé qu'elles étaient constituées d'un proton et d'un électron, des sortes d'atomes d'hydrogène comprimés dans l'espace.

Quelques jours seulement après la découverte des Curie, James Chadwick, physicien du laboratoire Cavendish de Cambridge, prouve par des expériences très méticuleuses que le rayonnement en question est effectivement constitué de particules jusqu'alors inconnues, de charge électrique nulle et de masse très voisine de celle du proton. Ancien étudiant de Rutherford, Chadwick a été « mentalement préparé » au concept de proton neutre, qu'il a même tenté de découvrir à plusieurs reprises, sans succès. Toutefois, dans l'article d'une page qu'il envoie à la revue *Nature*, le 17 février 1932, il ne parle pas de « proton neutre », mais de « neutron ». C'est le terme que l'Histoire retiendra [1].

Avant cette découverte capitale, les physiciens n'avaient identifié que deux particules de matière, l'électron de charge électrique négative, découvert en 1897, et le proton de charge électrique positive, découvert en 1911. Certains d'entre eux soupçonnaient que ces particules pouvaient s'assembler pour former des protons neutres, de charge électrique nulle. Dans leur esprit, les

1. À la suite de la découverte du neutron, les noms d'Irène et Frédéric Joliot-Curie furent avancés pour le prix Nobel de physique, ainsi que celui de James Chadwick. C'est sans doute l'opposition de Rutherford, qui se disait certain que les Joliot feraient bientôt d'autres découvertes qui leur vaudraient le Nobel, qui fit attribuer le prix au seul Chadwick. La fantaisie de l'Histoire en décida autrement : les Curie et Chadwick furent couronnés la même année, en 1935 : Nobel de chimie pour les premiers (récompensant la découverte de la radioactivité artificielle), de physique pour le second.

noyaux atomiques n'étaient donc constitués, en définitive, que de ces deux sortes de particules.

Majorana est le premier à comprendre que la découverte du neutron change radicalement la donne. À peine a-t-il pris connaissance des résultats des Joliot-Curie qu'il construit en quelques jours un modèle théorique révolutionnaire : le noyau atomique ne contient pas d'électrons, bien qu'il soit capable d'en émettre [1] ; il est constitué de protons et de neutrons seulement, et les neutrons, qui sont des particules aussi élémentaires que les protons, ne contiennent ni protons ni électrons ; protons et neutrons interagissent très fortement au sein du noyau par le biais de forces nucléaires qui ne dépendent que des coordonnées spatiales des particules.

Ce modèle permet à Majorana d'expliquer un fait d'expérience jusque-là considéré comme paradoxal, qui concerne deux noyaux parmi les plus légers, le deutérium [2] et l'hélium : les noyaux d'hélium, composés de deux neutrons et de deux protons, apparaissent comme des édifices plus solidement liés que les noyaux de deutérium, composés seulement d'un proton et d'un neutron. Or

1. Les noyaux radioactifs qui se désintègrent par radioactivité dite « bêta » voient l'un de leurs neutrons se transformer en un proton et un électron. Le proton demeure confiné au sein du noyau, tandis que l'électron s'en échappe. Certains noyaux sont donc capables d'émettre des particules qu'ils ne contiennent pas, en l'occurrence des électrons ! Cette conclusion a beaucoup surpris les physiciens. Un peu comme si on leur avait dit que la pâte dentifrice sortant d'un tube n'était pas déjà contenue dans le tube avant qu'on l'ait pressé.

2. Le deutérium est ce qu'on appelle un « isotope » de l'hydrogène. Comme l'hydrogène simple, il ne possède qu'un seul proton, mais il contient en plus un neutron. Il fut découvert en 1931 par le chimiste américain Harold Urey.

c'est l'inverse que les physiciens attendaient, en vertu d'un argument simple : au sein des particules alpha, il y a deux protons, qui se repoussent du fait qu'ils portent une charge électrique positive ; cette répulsion électrique, parce qu'elle n'existe pas dans le noyau de deutérium (il ne contient qu'un seul proton), devrait rendre la cohésion d'une particule alpha plus faible que celle d'un noyau de deutérium. Mais grâce à son modèle, Majorana établit que c'est le contraire qui se produit : la présence de neutrons dans un noyau a pour effet, d'une part, de « diluer » les forces électriques entre protons, d'autre part, d'augmenter le nombre de particules soudées par l'interaction nucléaire (qui est à fois attractive et intense), de sorte qu'un noyau formé de deux protons et deux neutrons peut être plus solidement lié qu'un noyau formé simplement d'un proton et d'un neutron.

Enrico Fermi essaie de convaincre le jeune prodige de publier ses résultats concernant la structure du noyau, qu'il juge capitaux. Majorana refuse avec la plus vive énergie, estimant que son travail n'est ni assez mûr ni d'assez bonne qualité. Il interdit même à Fermi d'en évoquer les grandes lignes lors d'une conférence internationale qui doit se tenir à Paris en juillet 1932, sauf si son travail est présenté comme étant celui d'un vieux professeur de génie électrique de l'université de Rome. Werner Heisenberg, moins scrupuleux que son homologue sicilien qu'il ne connaît pas encore, présente à cette occasion un modèle très proche de celui de Majorana, différent seulement en ce qu'il suppose que les forces entre protons et neutrons ne dépendent pas seulement des coordonnées spatiales des particules, mais aussi de la direction de leur spin.

Après la publication de l'article de Heisenberg, Majorana, loin de ressentir de l'amertume, dira au contraire toute l'admiration qu'il éprouve pour le physicien allemand. Cette admiration l'incite d'ailleurs à obéir au « pape », qui lui (re)commande d'aller séjourner en Allemagne plusieurs mois : ainsi, en janvier 1933, « le grand inquisiteur » part-il pour Leipzig rencontrer le père du principe d'indétermination.

« J'ai eu une longue conversation avec Heisenberg, écrit Ettore à sa mère le 20 janvier 1933, jour de leur première rencontre ; c'est un homme extraordinairement courtois et sympathique. » Même si Majorana se montre toujours aussi réservé, refusant par exemple de prendre la parole en public, c'est là, en Allemagne, que germent ses idées les plus novatrices dont certaines, concernant l'antimatière, ne seront publiées qu'en 1937. Moins d'un mois après son arrivée, le jeune physicien cède à l'amicale pression de Heisenberg : il accepte de publier un article révolutionnaire sur la structure des noyaux atomiques, dans lequel il introduit la notion d'une « force d'échange » entre protons et neutrons [1]. Il n'est pas exagéré de considérer qu'il s'agit de l'un des textes fondateurs de la physique nucléaire moderne. C'est en outre ce que pense Fermi, dont le groupe abandonne rapidement la physique atomique pour se consacrer exclusivement à des recherches portant sur le noyau des atomes, jusqu'au départ du « pape » pour les États-Unis, en décembre 1938.

Outre-Rhin, Majorana ne s'intéresse pas qu'à la seule physique. Hitler vient d'accéder au poste de chancelier et le physicien semble éprouver quelque étrange fascination pour le nazisme. En juin 1933, il adresse une lettre pro-

1. Ettore Majorana, « Über die Kerntheorie », *Zeitschrift für Physik*, 82, 1933, p. 139-145. Les « forces d'échange » nucléaires décrites dans cet article portent aujourd'hui le nom de forces de Heisenberg-Majorana.

vocatrice et désobligeante à Emilio Segrè, dans laquelle il rend les Juifs responsables de leurs déboires, qu'il juge du reste surestimés [1]. Or il n'est pas sans savoir que son ami est juif. Dans le même temps, il découvre Schopenhauer [2], auteur d'une des phrases les plus tristes de toute l'histoire de la philosophie : « La vie oscille, comme un pendule, de droite à gauche, de la souffrance à l'ennui. » Il lit notamment *Le Monde comme volonté et comme représentation*, qui fait de toute sagesse un renoncement. Cette lecture semble ne lui faire aucun bien, ni moral ni physique. Son état de santé s'est d'ailleurs dégradé. Il souffre d'une gastrite chronique, qu'on attribue à une fatigue nerveuse persistante.

Avant de repartir pour l'Italie, il séjourne quelques semaines à Copenhague, à l'institut de Niels Bohr, où il fait la connaissance de Léon Rosenfeld, un autre spécialiste de physique nucléaire. Mais Majorana n'est plus tout à fait le

1. Dans cette lettre, on peut lire des phrases telles que : « Il n'est pas concevable qu'un peuple de 65 millions d'individus se soit laissé conduire par une minorité de 600 000 personnes affirmant ouvertement constituer un peuple en soi. Quelqu'un a dit que la question juive n'existerait pas si les Juifs apprenaient l'art de garder leur bouche fermée… D'ailleurs, la situation des Juifs n'est pas aussi grave qu'il y pourrait paraître de loin » (cité par Jordi Bonells, *La Deuxième Disparition de Majorana*, Liana Lévi, 2004, p. 13).

2. Il faudrait s'intéresser à l'impact extraordinaire qu'eurent les livres de Schopenhauer sur les physiciens théoriciens de la première moitié du XXe siècle. Simple coïncidence ? Ou cette œuvre décapante entrait-elle en résonance avec leurs travaux, comme un écho à leurs recherches, leurs préoccupations ? À moins qu'il se soit agi d'un effet partagé de leur semblable éducation. Reste que presque tous l'avaient lu, à commencer par Erwin Schrödinger qui, au printemps 1919, le qualifia « de plus grand savant de l'Occident » (cité par J. Mehra et H. Rechenberg, *The Historical Development of Quantum Theory*, New York, Springer Verlag, 1987, vol. 5, p. 408).

même. Quelque chose de mystérieux – une fêlure ? – a dû se produire en lui, qui aura des conséquences terribles.

À son retour à Rome, à l'automne 1933, il ne fréquente pratiquement plus le laboratoire, se replie chez lui et refuse les visites. Il se sent de moins en moins capable d'entrer en relation avec le monde qui l'entoure. La physique, à laquelle il a pourtant consacré tant d'énergie, voire sa libido, n'existe plus. Il ne s'intéresse plus qu'aux flottes de guerre des différents pays (!), aux techniques de construction des navires, à la philosophie et à la littérature. Il se met à lire de façon intensive, Pirandello surtout, son compatriote sicilien qui vient de mourir ; il dévore *Six personnages en quête d'auteur*, *Feu Mathias Pascal*, *Comme avant mieux qu'avant*, *Un, personne et cent mille*. Il se plonge aussi dans les grandes tragédies de Shakespeare, celles dans lesquelles la perspective de la mort est le nœud organisateur de la vie. Comme pour se protéger de tout contact humain, qui met sa sensibilité à l'épreuve, il s'impose des règles de vie de plus en plus compliquées. Si bien qu'il ne sort plus, se nourrit presque exclusivement de lait et ne va même plus chez le coiffeur. Cet isolement commence à marquer son corps qui peu à peu se décharne, s'étrécit jusqu'à devenir diaphane.

Entre 1933 et 1936, il ne publie rien, absolument rien. Une force supérieure lui a comme coupé l'élan vital. Lentement, il sombre, s'efface. Un abîme le sépare désormais du monde.

C'est en 1937 que les *raggazi di via Panisperna* se décident à intervenir. Espérant provoquer chez lui une envie, un mouvement, une réaction, ils lui font savoir qu'un poste de professeur de physique théorique à l'université de Naples vient d'être libéré. L'idée semble être la bonne : en un ultime sursaut – de fierté peut-être – Majorana mobilise tout ce qu'il lui reste d'énergie positive pour se porter candidat. Mais pour obtenir le poste, il a besoin d'étoffer son dossier, d'y ajouter un travail récent. Il ouvre ses tiroirs, en sort des brouillons qu'il n'a plus touchés, et se remet enfin à la physique. En quelques jours, reprenant des travaux réalisés juste après la découverte du positron, lors de son séjour en Allemagne en 1933, il rédige ce qui constituera son dernier article, le plus profond, le plus prophétique également, dans lequel il propose une alternative à la théorie de l'antimatière que Paul Dirac a formulée en 1931. Cette « Théorie symétrique de l'électron et du positron [1] » demeure au cœur de certaines études menées aujourd'hui sur des particules fascinantes et fantomatiques : les neutrinos.

Que propose Majorana ? Rien de moins qu'une nouvelle façon de concevoir le lien entre matière et antimatière. Pour Paul Dirac, les particules sont susceptibles de se trouver dans certains états, dits à énergie négative. Ceux-ci sont en nombre infini et forment « la mer de Dirac ». Normalement, tous ces états sont occupés, chacun par une particule, de sorte qu'il existe une infinité de particules d'énergie négative. Mais elles ne sont pas observables directement. Ce qui l'est, en revanche, c'est tout changement qui se produit à partir de ces états d'énergie négative : si une particule, sous l'influence d'un événement quelconque, quitte son état à énergie négative et se place dans un état à énergie positive, elle devient par là même subitement observable ; et le vide, le « trou » qu'elle a laissé dans « la mer » le devient lui

1. « Teoria simmetrica dell'elettrone e del positrone », *Nuovo Cimento*, 14, 1937, p. 171-184. La lecture de l'ensemble des articles de Majorana, archivés à la Domus Galilaeana de Pise, montre qu'il avait déjà formulé ses propres idées sur l'antimatière en 1933, alors qu'il était en Allemagne, immédiatement après la découverte du positron par Carl Anderson.

aussi. Dans ce schéma, ce trou n'est autre que l'antiparticule, apparue simultanément avec la particule.

Majorana, lui, voit les choses autrement. Il construit une théorie des particules neutres dans laquelle il n'est pas fait appel aux états d'énergie négative. Ces états lui « répugnent », comme ils répugnent à d'autres physiciens, Wolfgang Pauli et Werner Heisenberg notamment. Quant à la mer de Dirac, elle constitue à ses yeux une hypothèse « artificielle et insatisfaisante », et il veut absolument en débarrasser la physique. Dans le modèle qu'il propose, les particules neutres, dépourvues de charge électrique donc (le neutron et le neutrino), sont nécessairement identiques à leurs propres antiparticules. Plus précisément, les particules neutres doivent avoir pour antiparticules leur propre image dans un miroir. De telles particules sont dites « de Majorana » [1]. Pourtant, jusqu'à aujourd'hui, personne ne sait si elles existent.

Pareilles idées sont révolutionnaires et difficiles à saisir dans le contexte des années 1930, d'autant qu'elles sont présentées avec un formalisme mathématique tout à fait original, qui s'appuie sur des symétries abstraites que les physiciens n'ont alors pas l'habitude d'utiliser. Elles suscitent même un certain trouble parmi les rares qui en prennent connaissance, trouble qui s'estompe vite. Car la théorie de Dirac, mieux connue et certainement plus abordable, devient vite la théorie de référence : à chaque particule de matière, même dépourvue de charge électrique, est associée une antiparticule qui ne lui est pas identique.

1. Les particules de Majorana n'ont que deux composantes (chaque particule peut avoir deux états de spin), à la différence des particules de Dirac qui, elles, peuvent avoir quatre composantes (la particule et son antiparticule, chacune ayant deux orientations de spin possibles).

Il y a toutefois une particule pour laquelle le débat n'est toujours pas tranché. Cette particule, c'est le neutrino, la seule particule de matière qui soit à la fois élémentaire et électriquement neutre [1]. Son existence avait été prédite par Wolfgang Pauli, en 1930, et il fut expérimentalement découvert en 1956. Si le neutrino avait une masse nulle, comme cela a été longtemps admis, le fait qu'il soit de Dirac ou de Majorana importerait peu, car cela ne conduirait à aucune différence de comportement. Mais on sait depuis 2001 que ce n'est pas le cas : les neutrinos sont bel et bien massifs [2]. Il n'est donc plus indifférent de savoir s'ils sont de Dirac ou de Majorana, c'est-à-dire identiques ou non à leur propre antiparticule [3].

1. Quelques semaines seulement après la publication du dernier article de Majorana, sa théorie avait été étendue au neutrino (de masse nulle) par Giulio Racah.

2. Cette découverte capitale a valu en 2002 le prix Nobel de physique à Raymond Davis, Masatoshi Koshiba et Riccardo Giacconi.

3. L'enjeu théorique de cette affaire est d'importance. Il s'agit de rendre compte du fait que tous les neutrinos observés sont « gauchers », c'est-à-dire que leur spin a une orientation contraire à celle de leur vitesse. Et d'expliquer pareillement pourquoi les antineutrinos, eux, sont tous « droitiers ». Selon la théorie de Dirac, un neutrino peut être gaucher ou droitier, et il en va de même pour un antineutrino. Mais un neutrino gaucher dans un repère donné peut être observé droitier dans un autre repère (*idem* pour l'antineutrino) : il suffit pour cela que cet autre repère se déplace plus vite que le neutrino, ce qui n'est possible que si le neutrino est massif (il va alors moins vite que la lumière dans le vide, de sorte qu'on peut en principe le dépasser). C'est la dynamique et le repère dans lequel on se place qui font que, le plus souvent, on observe un neutrino gaucher et un antineutrino droitier. Selon la théorie de Majorana, en revanche, neutrino et antineutrino forment une seule et même particule. L'antiparticule du neutrino gaucher n'est pas autre chose que le neutrino droitier, et réciproquement. Il n'y a donc plus que deux composantes, images l'une de l'autre par réflexion dans un miroir.

Mais comment départager expérimentalement les deux théories, celle de Dirac de celle de Majorana ? Il arrive que des neutrinos soient détectés lors d'événements extrêmement rares, comme la « double désintégration bêta » où, au lieu d'un électron et d'un neutrino comme dans la désintégration bêta classique, ce sont simultanément deux électrons et deux neutrinos qui sont émis par un noyau atomique. Cette désintégration, spécifique de certains noyaux atomiques, survient si rarement qu'il faudrait attendre dix milliards de milliards d'années pour que la moitié d'un échantillon d'un kilogramme de matériau se soit désintégrée de cette manière. Mais les physiciens essaient aujourd'hui de détecter des événements encore plus rares où seuls deux électrons seraient émis, *sans aucun neutrino* : ils parlent de « double désintégration bêta sans émission de neutrino ». La détection de cette nouvelle forme de radioactivité, rigoureusement impossible selon la théorie de Dirac, prouverait que le neutrino est identique à sa propre particule d'antimatière, et qu'il est donc « de Majorana ». Une telle découverte modifierait le statut des neutrinos dans l'actuel « modèle standard » de la physique des particules.

Mais revenons à Majorana, en cette année 1937. En dépit de ses trente ans et de la qualité des autres candidats [1], il obtient le poste convoité, grâce à ses « mérites exceptionnels » et à sa « grande notoriété, qui est amplement justifiée » [2]. Dans le compte rendu des délibérations, le jury précise qu'« il a hésité à appliquer au candidat les procédures universitaires habituelles [3] » : ses publications ne

1. D'autres *ragazzi di via Panisperna* se sont présentés, notamment Giulio Racah et Gian Wick.

2. Cité dans la préface de *Ettore Majorana. Notes on Theoretical Physics, op. cit.*, p. XV.

3. *Ibid.*

sont comparables à nulle autre et son parcours est si atypique !

Au cours de l'été 1937, Majorana s'installe donc à Naples, seul, dans un petit appartement. Par la fenêtre, il voit le Vésuve. Mais le miracle n'a pas lieu : la vie napolitaine, exubérante, fantaisiste et gaie, ne le touche pas, ne le change pas. Et dans cette grande ville où il ne connaît personne, ne veut connaître personne, il continue de vivre de façon retirée, plus encore qu'à Rome.

Il prépare néanmoins son enseignement avec beaucoup de sérieux. Ses notes de cours, retrouvées en 1972 [1], révèlent un esprit à la fois profond et clair, qui domine si bien son sujet qu'il est capable d'envisager différentes façons de présenter la physique quantique, soit par le biais de l'histoire, soit par le biais du formalisme. Très vite pourtant, dès la rentrée universitaire en fait, il se rend compte que ses cours sont d'un niveau trop élevé pour ses étudiants, ou plutôt qu'ils n'ont pas le niveau attendu. Lui, le surdoué, se décourage : comment interagir vraiment avec eux ? De toute évidence, il ne le pourra jamais. Son irréductible singularité le condamne à vivre en marge de l'humanité. Sans doute est-ce à ce moment-là que, déjà fragile, Majorana craque. La vieille fêlure s'élargit soudain.

Quelques mois plus tard, le 25 mars 1938, il rédige une première lettre désespérée à son ami Antonio Carelli, qui est aussi son employeur, puis une seconde, celle où « la mer [l'] a refusé » et dans laquelle il juge bon de préciser qu'il « renonce à l'enseignement ». Et il ajoute, laconique : « Ne

1. Les notes écrites par Majorana en préparation de son cours inaugural ont été rendues publiques dans le quotidien *Corriere della Sera* du 19 octobre 1982.

me prends pas pour une jeune fille d'Ibsen [1], parce que la situation est différente. Je suis à ta disposition pour des détails ultérieurs. » Ces détails ne viendront jamais.

Personne n'est à même de reconstituer les dernières étapes de l'enchaînement catastrophique qui a vraisemblablement conduit ce personnage romanesque [2] à la noyade dans les eaux de la mer Tyrrhénienne. Tout semble s'être passé comme s'il s'était annihilé de lui-même, comme s'il avait été sa propre antiparticule, comme s'il s'était appliqué à lui-même sa propre théorie. Bref, comme si Majorana était devenu « de Majorana » !

1. En 1879, le dramaturge norvégien Henrik Ibsen faisait jouer sa pièce intitulée *Maison de poupée*. Elle fit l'effet d'une bombe. Sur scène apparaissait une femme « libérée », une femme qui choisissait son destin, Nora. Voulant échapper à une vie et un amour mortifères, elle quitte son mari à la fin de la pièce. En faisant référence à Ibsen, Majorana voulait-il signifier qu'il n'avait pas l'intention de rompre le contrat qui le liait à Antonio Carelli, son employeur à l'université de Naples ?

2. Outre Leonardo Sciascia, Majorana a inspiré le dramaturge suisse Friedrich Dürrenmatt. Dans sa pièce *Les Physiciens*, il met en scène, dans une clinique psychiatrique, trois fous : l'un se prend pour Newton, l'autre pour Einstein et le troisième pour Möbius, censé être le plus grand physicien de l'époque, mystérieusement disparu, et dont certaines répliques font penser au Majorana de Sciascia : « Si mes conclusions tombaient aux mains des hommes, ils auraient le moyen de nouvelles énergies incroyables et d'inventer des techniques qui passent l'imagination » ; « De nos jours, le génie a le devoir de rester méconnu ». Tout récemment, on a pu retrouver Majorana au cœur du roman de Jordi Bonells intitulé *La Seconde Disparition de Majorana* (*op. cit.*). L'auteur adopte l'hypothèse (peu vraisemblable, comme nous l'avons vu, mais il s'agit d'un roman) selon laquelle Majorana se serait réfugié à Buenos Aires (où il aurait fini par être… enlevé pendant la dictature militaire !).

Il n'est pas indifférent en tout cas que Shakespeare et Pirandello aient été ses écrivains préférés, à égalité semble-t-il. On serait même tenté d'y déceler quelque indice. Majorana ou l'un de ces « fous du temps » qu'on rencontre dans certaines pièces de Shakespeare, un de ces héros tragiques qui ne parviennent pas à s'inscrire dans le temps ordinaire de l'humanité et que ce déphasage conduit à l'autodestruction, soit la mort, soit la folie.

Quant à Pirandello, Majorana partage sans doute avec lui le sentiment de dédoublement : l'un de ses moi vit, voudrait vivre, tandis que l'autre le regarde, l'empêche de vivre. Les deux hommes sont en proie aux angoisses, aux errances suicidaires. Comme si la mort permettait d'échapper au gâchis, de mettre un terme à la douleur et aux laideurs de l'existence.

Qui douterait que Majorana marchait effectivement dans une solitude extrême ? Qu'être au monde exigeait trop de sa personne, qu'il n'était pas à même de supporter les contraintes de l'existence humaine – encore moins d'assumer des rôles tels que celui de professeur, incompris forcément, ou celui de physicien visionnaire et nobélisable ? Pour respecter sa propre intégrité, il éprouva sans doute le besoin de s'évader, de rompre avec ce monde, pour lui monde des apparences, et de sortir définitivement du songe, ou du cauchemar, de la vie. « Qui peut dire le nombre de ceux qui sont comme moi, dans la même condition que moi, mes frères, dit le héros de la pièce *Feu Mathias Pascal* [1]. On laisse son chapeau et sa veste, avec

1. Cette pièce de Pirandello date de 1918. Elle raconte l'histoire d'un homme, Mathias Pascal, qui s'ennuie dans une bourgade de province : il vit d'un travail pénible et ses rares loisirs sont répétitifs. Un jour, il apprend, en lisant le journal, qu'il est mort ! Il quitte aussitôt la ville pour recommencer ailleurs une vie complètement nou-

une lettre dans sa poche, sur le parapet d'un pont qui enjambe une rivière ; puis, au lieu de se jeter dans l'eau, on s'en va tranquillement, en Amérique ou ailleurs. »

Et il y a autre chose. Pirandello souligne les périls de la réflexion poussée à l'excès : la passion du raisonnement, vécue de façon exclusive, a pour revers la folie. L'activité intellectuelle, lorsqu'elle s'applique à corroder l'univers réel, peut incliner à l'ironie, faire rire jaune, et conduire à rejeter le monde tel qu'il est, à se distancier des hommes et des choses. Elle expose donc les esprits oxydables à un danger majeur. Or Majorana s'adonnait beaucoup à la réflexion, à la méditation, au raisonnement. Exclusivement même. Sa courte vie durant, penser l'a littéralement absorbé.

Mais il n'est pas tout à fait mort. De Majorana subsistent des travaux prophétiques sur les neutrinos, dont le propre est de traverser le monde de la matière sans jamais s'y arrêter – comme s'il n'existait pas… Et qui sait si, un jour, au détour de quelque détection, ces particules ne rendront pas un vibrant hommage à celui qui fut le seul à les imaginer exactement comme elles sont ?

---

velle. Mais il ne parvient à bâtir qu'une existence aussi terne que la précédente. Il retourne donc d'où il est venu, mais c'est trop tard : quelqu'un a pris son travail et sa femme s'est remariée. Le voilà condamné à devenir le fantôme de celui qu'il fut.

V

LES VARIATIONS CACHÉES DE WOLFGANG PAULI

« Faut-il que vous soyez cons, tout de même, pour ne pas comprendre ce que je veux dire !
– On a très bien compris, mais c'est idiot. »

Raymond Queneau

Chose inouïe, c'est au-dedans de soi qu'il faut regarder le dehors.

Victor Hugo

Wolfgang Pauli aimait les sucreries et les pâtisseries. Notoirement. À la folie même. Au fil des années, il s'était enrobé. Il avait des allures de montgolfière. Sa cravate courte suivait la courbure de son espace-temps abdominal et s'arrêtait au nombril, tel un panneau indicateur. Seul son visage semblait épargné : inscrit dans un ovale bien proportionné, c'était un beau visage, qu'on aurait dit exclusivement façonné de pensées agiles, de calculs sidérants, avec des yeux bruns qui lançaient des salves d'intelligence pure.

Tout au long de sa vie, Pauli déploya une activité cérébrale affolante : images, idées, hypothèses, concepts, réflexions, souvenirs et inventions de toutes sortes traversaient son champ mental, entrecroisaient leurs trajectoires, sympathisaient, se percutaient, se séparaient, s'associaient, s'engendraient les uns les autres ou se disloquaient en plein vol. Le crâne de Pauli abritait une agitation perpétuelle.

Lorsqu'il assistait à une conférence, son grand rire sonore animait l'assemblée la plus morne. Il lui venait toujours des idées nouvelles et il jugeait bon d'en entretenir aussitôt l'auditoire. Il se levait, puis se mettait à parler en marchant. Son large corps oscillait avec une amplitude qui augmentait progressivement à mesure qu'il déployait sa pensée. Un « poème » de George Gamow, écrit en 1928 lors d'un séjour à Copenhague, évoque ce comportement singulier :

> Dans la discussion
> Tout son corps se balance.
> Quand il défend une thèse
> Jamais la vibration ne s'arrête.
> Il développe des théories éblouissantes
> Tout en se rongeant les ongles [1].

Mais Wolfgang Pauli demeure surtout connu pour avoir été l'un des théoriciens les plus originaux de la physique du XXe siècle. Lors de ses obsèques, en décembre 1958, Victor Weisskopf, qui avait été son assistant dans les années 1930, a dit de lui qu'il resterait comme la « conscience de la physique théorique du XXe siècle [2] ». Un demi-siècle plus tard, le nom de Pauli demeure directement associé à trois « phénomènes » : d'abord, un principe fondamental de la physique quantique, le principe de Pauli, aussi appelé principe d'exclusion ; ensuite,

1. Ces premières lignes du poème sont rapportées par George Gamow dans *Trente années qui ébranlèrent la physique*, *op. cit.*, p. 51.

2. Victor Weisskopf, *Physics in the Twentieth Century : Selected Essays*, Londres, The MIT Press, 1972, p. 102.

quatre matrices, dites de Pauli, qui jouent un rôle important dans le formalisme de la physique quantique, notamment pour décrire certaines propriétés de l'électron ; enfin, l'« effet Pauli », curieux phénomène aux allures de boutade, impossible à interpréter à partir de conceptions purement matérialistes. Rapporté par plusieurs témoins, cet effet quasi magique consistait en ce que la seule apparition du théoricien au voisinage d'une expérience suffisait à la « mettre en rideau »... Dès qu'il franchissait la porte d'un laboratoire, un malheur s'y produisait.

À partir de 1925, Otto Stern, l'un des plus grands physiciens expérimentateurs de sa génération [1], est allé jusqu'à interdire à celui qui était son ami proche l'entrée de son laboratoire. Mais de telles mesures ne suffisaient pas toujours, car l'effet Pauli n'était pas purement local. Il pouvait se manifester jusqu'à une distance relativement grande, telle une interaction à longue portée. Un jour de 1931, un mystérieux incident se produisit dans un laboratoire de physique atomique de Göttingen en l'absence de Pauli : en début d'après-midi, un appareil pourtant robuste tomba brusquement en panne, sans qu'on comprît pourquoi. Le directeur du laboratoire, qui connaissait Pauli et son effet, lui adressa aussitôt une lettre humoristique, dans laquelle il disait le soupçonner d'avoir joué un rôle dans l'incident. Pauli en fut très flatté et lui répondit qu'il était allé à Copenhague ce jour-là, rendre visite à son ami Niels Bohr, et qu'au moment précis où l'appareil s'était cassé son train avait justement fait un arrêt de quelques minutes en gare de Göttingen... La légende, parfois, se fait complice d'elle-même.

1. Otto Stern obtint le prix Nobel de physique en 1943 pour sa découverte du moment magnétique du proton.

Wolfgang Ernst Pauli est né à Vienne le 25 avril 1900. Bon endroit et bon moment, car la ville fourmille alors de génies en tous genres et semble même les produire comme d'autres du vin, du fromage ou de l'acier. Son père, Wolfgang Joseph Pauli, professeur de chimie à l'université, est un juif autrichien tout juste converti au catholicisme. Sa mère, Berta Camilla Schütz, est une très belle femme au visage fin et la fille d'un écrivain renommé. Elle travaille comme correspondante pour un journal influent, *Die Neue Freie Presse*, qui défend des thèses socialistes et pacifistes. Il eût été difficile pour le jeune Wolfgang de voir le jour dans un milieu plus intellectuel. D'autant qu'il doit son second prénom – Ernst – à son parrain qui n'est autre que le célèbre physicien Ernst Mach, également philosophe, et grand ami de la famille. Très engagé dans la critique historique des concepts physiques, Mach clame dans ses ouvrages que seule la réalité expérimentale compte, prône que les sensations, d'ordre à la fois physique et mental, constituent la base de toute expérience mentale et veut chasser la métaphysique des énoncés scientifiques. Ses thèses, radicales, marquent profondément les Pauli père et fils, de la même façon que le jeune Einstein et d'autres physiciens de sa génération [1].

1. Les conceptions d'Ernst Mach ont trouvé, dans les années 1920, un écho dans l'interprétation dite « de Copenhague » de la physique quantique, à laquelle Wolfgang Pauli adhéra pour l'essentiel, en y apportant toutefois sa propre touche. Formulée par Niels Bohr, cette interprétation s'attache à démontrer que l'honnêteté intellectuelle doit préserver le physicien de tout raisonnement trop précis sur la réalité même des choses, laquelle échappe à la science (voir p. 206-207 notamment). À peu près à la même période, les thèses de Mach eurent aussi une influence notable sur le cercle de Vienne, rassemblé autour du logicien Rudolf Carnap, dont le projet explicite était d'en finir avec la métaphysique.

Bien plus tard, en 1953, Pauli écrira dans une lettre que l'influence de son parrain fut en définitive bien plus grande que celle du prêtre qui l'avait baptisé : « La culture que j'ai reçue au berceau fut "antimétaphysique" plutôt que catholique. » Il ajoutera cependant que, depuis, il avait subi des « transformations spirituelles majeures » [1].

Le jeune Pauli est un enfant prodige, du moins en arithmétique et en géométrie ; en latin et en grec, ses résultats sont médiocres. Il se passionne aussi pour l'histoire de l'Antiquité et pour la mythologie. C'est un élève farceur, qui fait rire ses camarades en imitant (fort bien, semble-t-il) ses maîtres d'école. Au lycée, il se retrouve en excellente compagnie : l'un de ses camarades, Hans Thimig, prompt lui aussi à toutes les facéties, deviendra un acteur célèbre ; un autre, Richard Kuhn, sans doute plus sérieux, obtiendra le prix Nobel de chimie en 1938 ; un troisième, Herbert Winkler, sera un très grand chef d'orchestre. Plus tard, on dira de cette classe qu'elle fut « la classe des génies [2] ».

Le passage de l'enfance à l'adolescence ne rend pas Pauli plus respectueux du corps enseignant : il surnomme l'un de ses professeurs *das U-boot* (le sous-marin), sous prétexte que sa petite taille lui permet de faire surface par surprise au milieu d'un groupe d'élèves, en se dressant simplement sur la pointe des pieds.

Mais Pauli n'est pas juste un gamin qui fait des niches en classe. Dès l'âge de treize ans, il s'adonne à la phy-

1. Cette lettre, datée du 31 mars 1953, est citée par Charles P. Enz, « Wolfgang Pauli's Scientific Work », dans Jagdish Mehra (dir.), *The Physicists Conception of Nature*, *op. cit.*, p. 766.

2. Charles P. Enz, *No Time to be Brief. A Scientific Biography of Wolfgang Pauli*, Oxford/New York, Oxford University Press, 2002, p. 15.

sique et aux mathématiques à travers des lectures recommandées par son parrain. Il lit parfois pendant les cours, en cachette. Les articles d'Einstein le captivent, y compris les plus récents, les plus difficiles, les plus théoriques, ceux qui concernent la théorie de la relativité générale ! Et il ne se contente pas de les lire. Il s'en imprègne. En juillet 1918, alors qu'il a tout juste dix-huit ans, il attire l'attention des spécialistes, Hermann Weyl en tête, en publiant deux travaux originaux sur la théorie de la relativité générale d'Einstein [1]. On voit par là que le génie de Pauli est précoce et ne chôme pas.

Il ne s'arrête pas en si bon chemin car, à peine trois ans plus tard, Pauli rédige une monographie sur le formalisme mathématique et l'interprétation physique de la relativité générale [2]. Un texte volumineux (237 pages), salué par Einstein en personne : « Aucun de ceux qui liront ce travail remarquable, qui est d'une maturité impressionnante, ne pourra croire que son auteur n'a que vingt et un ans. Car on ne sait ce qu'il faut le plus admirer : la compréhension du développement des idées, la sûreté des déductions mathématiques, la profondeur des intuitions physiques, l'aptitude à présenter les choses avec clarté, la connaissance de la littérature spécialisée, l'exhaustivité du propos, ou bien encore la finesse de la critique [3]. » Rares sont les physiciens qui peuvent se vanter d'avoir reçu si tôt – et même à un âge plus avancé – une telle

1. Wolfgang Pauli, « Über die Energiekomponenten des Gravitationfeldes », *Physikalische Zeitschrift*, 20, 1919, p. 25 ; *Verh. Deutsch. Phys. Ges.*, 21, 1919, p. 742.

2. Wolfgang Pauli, *Encyclopädie der mathematischen Wissenschaften*, vol. 5, 2e partie, Leipzig, Teubner, 1921.

3. Albert Einstein, *Naturwissenschaft*, 10, 1922, p. 184.

marque d'admiration de la part du père de la relativité générale.

Au demeurant, la modestie n'est pas la qualité dominante du jeune homme. En septembre 1920, à Bad Nauheim, alors qu'Einstein, au sommet de sa gloire, s'achemine vers la fin d'une intervention, Pauli se lèvera d'un coup et s'adressera solennellement à l'auditoire : « Mesdames et messieurs, vous savez, ce que dit le professeur Einstein est loin d'être idiot ! »

Après avoir obtenu son baccalauréat (*Abitur*), en 1918, alors que la Première Guerre mondiale achève de saigner la jeunesse du monde, Pauli est le seul de sa classe à échapper au service militaire. Une faiblesse cardiaque lui interdit tout effort physique prolongé (ce n'est cependant pas d'une crise cardiaque qu'il mourra). Il part poursuivre ses études à Munich, auprès d'Arnold Sommerfeld, un professeur hors pair qui va initier le jeune bachelier à la physique théorique, mais aussi aux problématiques les plus actuelles de la recherche. Sommerfeld est l'un des premiers, avec Niels Bohr, à avoir proposé une théorie quantique de l'atome, constituée d'un mélange de physique classique et de règles nouvelles, *ad hoc*, destinées à rendre compte du comportement étrange des objets microscopiques. Les électrons s'y voient accorder une orbite au sein de l'atome, mais celle-ci ne peut correspondre qu'à certaines valeurs très particulières de l'énergie : les niveaux d'énergie possibles sont disposés comme les barreaux d'une échelle irrégulière. Et, chose curieuse, un électron qui tourne sur son orbite n'émet ni n'absorbe de lumière, contrairement à ce que prévoit la physique classique. Il le fait seulement lorsqu'il passe d'une orbite à une autre, en « sautant » d'un niveau d'énergie à un autre, sans qu'on comprenne bien comment…

Cinq ans plus tard, Pauli appellera cette théorie hybride « l'Ancien Testament », par opposition au « Nouveau », fondé sur un formalisme unitaire, profondément différent de la physique classique, que la génération montante des Dirac, Schrödinger, Heisenberg, Born et… Pauli mettra sur pied à partir de 1925. Mais toute sa vie, il nourrira un profond respect pour Sommerfeld, qu'il considérera jusqu'à la fin comme son père spirituel [1].

À Munich, Pauli devient très proche d'un autre étudiant surdoué de Sommerfeld, d'un an son cadet : Werner Heisenberg, bientôt l'inventeur du « principe d'indétermination » de la physique quantique, selon lequel les particules quantiques ne possèdent jamais, en même temps, une position et une vitesse bien définies. En vertu de ce principe, les électrons au sein d'un atome se voient privés de trajectoire au sens classique du terme.

À Munich, Pauli vit comme un oiseau de nuit. Il passe ses soirées dans les cafés, et au cœur de la nuit se met à potasser des livres de physique, à faire des calculs, à imaginer – à rêver presque – la vie quotidienne d'un électron qui tournoie autour d'un noyau. Comme il faut bien dormir un peu, il sèche les cours du matin, se contente de pointer le nez vers midi pour vérifier les calculs que le professeur – généralement Sommerfeld – vient d'inscrire sur le tableau noir.

Cette apparente désinvolture ne l'empêche nullement d'obtenir en 1921 son doctorat *summa cum laude* (« avec les félicitations du jury », dirait-on aujour-

1. Arnold Sommerfeld mourut des suites d'un accident de voiture en avril 1951. Lors des obsèques, Pauli fit cette déclaration : « Nous, ses fils intellectuels, nous poursuivrons ses travaux. » (Karl von Meyenn [dir.], *Wolfgang Pauli, Scientific Correspondence*, vol. 1, Springer, 1979, p. 269.)

d'hui) en présentant un travail concernant la molécule d'hydrogène ionisée, c'est-à-dire ayant perdu l'un de ses deux électrons (H_2^+) : il s'agissait de calculer les niveaux d'énergie possibles pour l'électron restant. Il utilise bien sûr « l'Ancien Testament », puisque rien d'autre n'existe à l'époque, mais montre que ce modèle bute sur des limites qui pourraient bientôt le condamner : les résultats des calculs ne sont pas du tout en accord avec les mesures expérimentales. La toute jeune physique atomique, on le pressent à des indices de plus en plus palpables, est au bord d'une crise sévère. Elle manque de cohérence. Quelque chose va certainement se passer qui la conduira vers de nouveaux continents, très loin des terres de la physique classique.

Dans le monde des physiciens, la réputation de Pauli ne cesse de croître et d'embellir. En octobre, il devient pour quelques mois l'assistant de Max Born, à Göttingen, autre temple des mathématiques et de la physique théorique. Les deux hommes ont prévu de travailler ensemble sur l'atome d'hélium, plus complexe que celui d'hydrogène car il contient deux électrons au lieu d'un. À peine Pauli a-t-il posé ses valises et commencé à travailler que Max Born déclare dans une lettre à Einstein que de toute sa vie, il n'aura plus jamais un aussi bon collaborateur [1]. Les connaissances et la puissance de feu (intellectuelle) de cet étudiant hors du commun l'ont tout de suite frappé.

Pourtant, Pauli n'a pas changé ses habitudes. Il s'enfonce toujours dans la vie nocturne, fait la grasse

1. Max Born, lettre à Einstein datée du 29 novembre 1921, dans Albert Einstein et Max Born, *Correspondance : 1916-1955*, Paris, Seuil, 1972, p. 78.

matinée et n'assiste que très rarement aux cours du matin. Heureusement, les conférences que Niels Bohr vient donner à la fin du printemps 1922 ont lieu l'après-midi. D'emblée Pauli est bouleversé par le discours de Bohr sur certaines difficultés d'interprétation du spectre des atomes. Dès l'issue de la première conférence, il aborde celui qui va très bientôt recevoir le prix Nobel de physique, mais ne le sait pas encore. En quelques minutes de discussion, Niels Bohr saisit à qui il a affaire et invite aussitôt son jeune interlocuteur à passer une année au Danemark. Pauli, évidemment, accepte. « Lorsque j'ai rencontré Bohr pour la première fois, j'ai tout de suite senti qu'une nouvelle phase de ma vie commençait [1] », confiera Pauli.

À Copenhague, il étudie de façon très rigoureuse les spectres des atomes en présence d'un champ magnétique et se penche sur ce qui constitue une énigme de premier ordre depuis vingt-cinq ans : l'effet Zeeman « anormal ». Quand un atome est excité, lorsqu'on le chauffe par exemple, il émet une lumière composée de différentes fréquences bien définies. Le spectre ainsi émis est constitué de « raies » nettement séparées les unes des autres. Chacune correspond aux différents sauts qu'un électron peut effectuer au sein de l'atome, qui le font passer d'une orbite à une autre. Si l'on soumet l'atome à un champ magnétique, chaque raie se subdivise en plusieurs. C'est ce qu'on appelle l'effet Zeeman, du nom du physicien hollandais qui découvrit ce phénomène en 1896. En 1897, les théoriciens purent démontrer, à partir des lois de la physique classique (les seules dont ils disposaient), que chaque raie devait systématiquement se subdiviser en trois

1. Wolfgang Pauli, *Science*, 103, 1946, p. 213.

lorsque la lumière est détectée selon une direction perpendiculaire au champ magnétique. C'est ce qu'on appelle l'effet Zeeman « normal ». Mais en 1898, les expérimentateurs observèrent qu'une certaine raie, présente dans le spectre du sodium, se subdivisait non pas en trois, mais en quatre raies. Il s'agissait du premier exemple de ce qu'ils allaient appeler l'effet Zeeman « anormal ».

En 1923, vingt-cinq ans après la mise en évidence de ce phénomène, les théoriciens ne sont toujours pas parvenus à l'expliquer. Un certain désespoir commence même à les miner. Bohr et Pauli, eux, jugent que les choses ont déjà trop duré et sont résolus à trouver une explication. Mais ils s'affrontent sur la voie à suivre : la notion classique de trajectoire des électrons, à laquelle Bohr demeure fidèle, est vivement critiquée par Pauli qui y voit un obstacle au développement de la théorie quantique.

L'effet Zeeman « anormal » donne lieu à une véritable controverse, et la physique quantique traverse une des périodes les plus tourmentées de son histoire. Pauli s'arrache les cheveux tant la question est compliquée. Lui, d'habitude si arrogant, si conquérant, connaît plusieurs phases de découragement. Un après-midi de juin 1923, alors qu'il erre, la mine sombre, dans les rues si charmantes de Copenhague, il croise un collègue qui lui lance : « Tu as l'air très malheureux. » À quoi Pauli répond : « Comment peut-on avoir l'air heureux quand on pense à l'effet Zeeman anormal [1] ? » Pauli, qui tient de son maître Sommerfeld une fascination pour les nombres entiers, ne parvient décidément pas à comprendre comment quatre raies spectrales peuvent apparaître quand seulement trois sont attendues.

1. *Ibid.*

Mais il ne lâche pas le morceau. Il mobilise des mois durant toute sa détermination, sa perspicacité et la puissance de son imaginaire – nous y reviendrons. Au terme de l'année 1924, au prix d'un investissement extrême, il résout le problème. Trois nombres entiers, qu'on appelle des nombres « quantiques » [1], étaient jusque-là utilisés pour caractériser l'état physique d'un électron au sein d'un atome, notamment son énergie. Pauli démontre que c'est insuffisant. Dans un article daté du 16 janvier 1925 [2], il explique que les électrons manifestent une certaine « ambivalence » (*Zweideutigkeit*), une certaine duplicité dont on ne peut rendre compte que par le biais d'un nouveau nombre quantique, qui a ceci d'original qu'il n'est pas entier : il vaut soit 1/2, soit – 1/2. L'apparition de ce quatrième nombre quantique aux valeurs demi-entières vient signer la débâcle de « l'Ancien Testament », incapable de l'intégrer dans ses schémas.

Pauli énonce dans la foulée le « principe d'exclusion », selon lequel deux électrons d'un même atome ne peuvent être dans le même état physique, c'est-à-dire avoir tous les deux, en même temps, les quatre mêmes nombres quantiques. En clair, tous les électrons d'un même atome se différencient par la valeur d'une propriété physique au moins. Ce principe d'exclusion, rebaptisé par Paul Dirac « principe d'exclusion de Pauli » [3] dès 1926, a une portée

1. Ces nombres sont appelés « quantiques » car ils « quantifient » certaines propriétés physiques des particules par des nombres particuliers, entiers par exemple, alors que dans le cadre de la physique classique toutes les valeurs réelles (au sens des nombres réels) sont possibles.

2. Wolfgang Pauli, *Zeitschrift für Physik*, 31, 1925, p. 765-783.

3. Paul Dirac, *Proceedings of the Royal Society*, A112, 1926, p. 661.

considérable puisqu'il permet de comprendre le remplissage progressif du tableau périodique des éléments, c'est-à-dire la structure électronique des atomes.

Quelques mois plus tard, ce nouveau degré de liberté, introduit par Pauli sous couvert d'un nouveau nombre quantique, est interprété par deux jeunes physiciens hollandais, George Uhlenbeck et Samuel Goudsmit, comme étant le « spin » de l'électron, qu'ils se représentent comme une petite sphère en rotation [1]. Pauli n'est pas séduit par l'idée, qui n'est pas nouvelle pour lui : « Cette histoire ne me plaît pas (*Die Sache gefällt mir nicht*) [2] », écrit-il à Bohr en décembre 1925. Au début de l'année, Ralph de Laer Kronig, un Américain d'origine hongroise, a conçu l'idée de spin dès qu'il a eu connaissance du principe d'exclusion. Mais il a eu le malheur de soumettre son article à… Pauli dont l'avis est catégorique : « Non, mon ami, c'est tout à fait impossible [3]. » En mars 1926, Pauli finira par se

1. George Uhlenbeck et Samuel Goudsmit, *Naturwissenschaft*, 13, 1925, p. 953-954.

2. Lettre de Wolfgang Pauli à Niels Bohr datée du 30 décembre 1925, dans Karl von Meyenn (dir.), *Wolfgang Pauli. Scientific Correspondence*, vol. 1, *op. cit.*, p. 274.

3. Il faut dire que l'idée d'associer à l'électron un moment cinétique interne correspondant à sa rotation sur lui-même pose des problèmes. Le spin d'un électron, lorsqu'on le mesure le long d'une direction arbitraire, ne peut prendre que deux valeurs : 1/2 ou – 1/2 (en unités $h/2\pi$, où h désigne la constante de Planck). Si l'on imagine l'électron comme une petite sphère chargée d'un rayon de l'ordre de 10^{-15} mètre (rayon pour lequel l'énergie électrostatique de la sphère chargée est égale à l'énergie de masse mc^2), et si le spin correspond à une rotation de cette sphère, alors la vitesse à la surface de celle-ci devrait être supérieure à celle de la lumière. L'existence même du spin oblige donc à renoncer à se faire un modèle de l'électron et, chose plus troublante, à admettre l'existence d'un moment cinétique qui ne corresponde pas à une rotation de matière.

ranger aux arguments d'Uhlenbeck et Goudsmit, et trouvera même le moyen d'apporter la touche finale au problème du spin en introduisant les « matrices de Pauli », grâce auxquelles on décrit proprement le spin de l'électron.

Par la suite, le rôle que joue Pauli dans l'élaboration de la nouvelle théorie quantique est en premier lieu celui d'un arbitre clairvoyant, comme en témoigne la correspondance abondante qu'il entretient avec ses collègues et amis, notamment Niels Bohr, Werner Heisenberg et Paul Ehrenfest. Soucieux de démêler les thèses confuses, il amène ses interlocuteurs à clarifier leurs idées.

Mais l'arbitre clairvoyant n'a pas spécialement bon caractère. Il lui arrive de se transformer en critique impitoyable, qui combat avec fougue les idées qu'il pense fausses, manifeste un mépris souverain pour tout ce qui lui semble approximatif ou factice et manie l'ironie mordante comme une première langue. Notre homme est capable de se montrer très cassant, au point qu'il acquiert la réputation d'être sûr de lui en toutes circonstances. « Tu es le fouet de Dieu [1] », lui écrira Paul Ehrenfest en 1928. Bien plus tard, Victor Weisskopf, son jeune assistant, se souviendra qu'il était venu trouver Pauli en 1932, alors qu'il avait tout juste publié un article qui comportait une grossière erreur de calcul. Debout, le regard rivé à ses chaussures, Weisskopf lui dit d'un air piteux et désemparé : « Je veux arrêter la physique, car je ne me remettrai jamais de cette bévue. – Ne vous inquiétez pas, lui rétorque le maître. Beaucoup de gens publient des

1. Paul Ehrenfest, lettre à Wolfgang Pauli datée du 26 novembre 1928, dans Karl von Meyenn (dir.), *Wolfgang Pauli. Scientific Correspondence*, vol. 1, *op. cit.*, p. 477.

articles truffés d'erreurs. Un seul ne l'a jamais fait : moi [1] ! »

Reste que Pauli marque, influence, transforme ceux qui le côtoient. L'homme ne fait pas seulement autorité, il a un style, une façon de pratiquer la physique théorique, de mettre l'accent sur ce qu'il y a d'essentiel dans les lois de la nature et sur leurs symétries. Il préfère la forme dense et laconique de formules mathématiques aux grands discours. À l'instar d'un Dirac ou d'un Ehrenfest, cet homme-là aime que les choses soient claires, au moins dans le domaine de la physique.

Pourtant, le professeur qu'il devient dès l'âge de vingt-trois ans ne sera jamais très organisé : ce qu'il écrit au tableau est à peine lisible et il lui arrive de s'interrompre en plein cours pour méditer sur ce qu'il vient d'enseigner. Intimidés par le personnage, ses étudiants n'osent pas lui demander d'éclaircissements. Un jour, l'un d'entre eux s'y risque, à l'issue d'un raisonnement que Pauli vient de détailler au tableau : « Vous nous dites que la conclusion à laquelle vous êtes arrivé est triviale, mais je ne la comprends pas. » Énervé, Pauli quitte la salle quelques minutes, tente de réfléchir à une façon d'expliquer plus clairement les choses, puis réapparaît : « Mais c'est trivial ! » se contente-t-il de répondre. Simplement.

Après Copenhague, qu'il quitte en septembre 1923, Pauli va passer cinq années à Hambourg en tant que maître de conférences (*Privat-Dozent*). Il y fait la connaissance d'Otto Stern, qui devient l'un de ses grands amis. Mais lorsque Wolfgang rend visite à Otto dans son laboratoire, celui-ci n'accepte de lui parler qu'à travers la porte

1. Victor Weisskopf, *Physics in the Twentieth Century : Selected Essays*, *op. cit.*, p. 87.

fermée de la salle d'expériences, quitte à devoir hausser la voix – il est convaincu de la réalité et de la gravité de l'effet Pauli.

En 1928, Pauli est nommé professeur de physique théorique à la Haute École technique fédérale de Zurich, celle-là même où Einstein a fait ses études [1]. Cette période est pour lui mouvementée et difficile. Peu de temps avant, sa mère, sans doute lassée des infidélités de son mari, s'est suicidée en absorbant un poison. Pauli en est très affecté, profondément perturbé, d'autant que son père se remarie très vite, dès la fin de l'année 1928, avec une femme que Wolfgang ne supporte pas. Et c'est à Zurich que le couple choisit de s'installer !

Pauli fils se met alors à sortir beaucoup, à fréquenter de plus en plus les bars, de toutes sortes, et à boire. Mais c'est dans cette période troublée qu'il rencontre chez un ami Käthe Deppner, une jeune comédienne et danseuse de vingt-deux ans, au corps magnifique. Elle fait partie de la troupe de Trudi Schoop, célèbre dans toute l'Europe et même en Amérique. Le 23 décembre 1929, sans bien la connaître, Wolfgang l'épouse à Berlin. Cherche-t-il à effacer la douleur par les noces ?

Le mariage tourne vite au fiasco. Moins d'un an après, la jeune femme quitte son physicien de mari pour Paul Goldfinger, un chimiste qu'elle a commencé d'aimer avant même de rencontrer Wolfgang. Dévoré par la jalousie, le mari trompé n'encaisse pas le coup que Käthe vient de lui porter : « Si elle avait choisi un matador, j'aurais pu

1. À l'époque d'Einstein, cette école s'appelait officiellement « École polytechnique fédérale » de Zurich. Elle fut rebaptisée en 1911 et prit le nom de « Haute École technique fédérale » (Eidgenossische Technische Hochschule, ETH en abrégé). Ce qu'on perd en largeur, on le gagne parfois en hauteur.

me battre, mais contre un chimiste médiocre, quoi faire ? » Cette fois, il sombre. Il sombre dans la dépression, boit plus encore, et se met à fumer. La pipe, car il « ne fume pas de papier ». Il se sent incompris, devient asocial, comme victime d'un principe d'exclusion : « Entre les femmes et moi, les choses ne se passent pas bien, et elles ne s'amélioreront sans doute jamais. Il faudra, je le crains, que je m'accommode de cette situation, et ce ne sera pas toujours facile. À mesure que je deviendrai plus vieux, je me sentirai de plus en plus seul. Mais un soliloque éternel, c'est si ennuyeux [1] ! »

Le divorce, prononcé le 26 novembre 1930, le laisse en plein désarroi. Il se querelle de plus en plus souvent avec ses collègues, au point que son poste à l'université est menacé. Pauli va même jusqu'à participer à des rixes d'ivrognes dans les tavernes du centre ville, et ses rêves, de plus en plus étranges, en viennent à fortement troubler sa vie consciente. Les choses tournent si mal que son père lui conseille d'entrer en relation avec Carl Gustav Jung, alors psychiatre et psychanalyste à Küsnacht [2]. Il se met à écrire ses rêves et tente de les interpréter, d'abord avec l'aide d'une assistante de Jung, puis avec Jung lui-même.

En quatre ans, le psychanalyste reçoit la transcription de plus de mille rêves et impressions visuelles du jeune scientifique, dont il perçoit vite qu'il est exceptionnellement doué. Mais l'intelligence de Pauli n'est pas la seule

1. Lettre de Wolfgang Pauli à Gregor Wentzel datée du 7 septembre 1931, dans Karl von Meyenn (dir.), *Wolfgang Pauli. Scientific Correspondence*, vol. 3, *op. cit.*, 1993, p. 753.

2. Ces informations sont rapportées par Deirdre Bair, biographe de Carl Gustav Jung (*cf.* D. Bair, *Jung, a Biography*, Boston/New York/Londres, Little, Brown and Company, 2003, p. 365-366).

chose qui fascine Jung. Il y a aussi sa façon si particulière de raconter ses rêves en utilisant le symbolisme des mandalas, sur lequel lui-même travaille depuis plusieurs années. Petit à petit, aidé par celui qui ne va pas tarder à devenir son père symbolique, Pauli en vient à chercher dans son monde intérieur une explication du monde. Sur les mille rêves envoyés, plus de quatre cents seront élaborés par les deux hommes, qui se rencontrent, s'écrivent, et deviennent amis.

Leur longue correspondance ne s'interrompra qu'avec la mort de Pauli, le plus jeune des deux, en 1958. En la lisant, on découvre l'esprit à la fois profond et perpétuellement inquiet de l'inventeur du principe d'exclusion. On retrouve aussi sa fascination pour les nombres entiers, notamment le 3 et le 4, qui avaient à ses yeux une signification mystique et dont il reconnaissait ouvertement qu'elle avait inspiré son travail de chercheur : « Mon long chemin vers l'énoncé du principe d'exclusion avait quelque chose à voir avec la difficile transition du 3 vers le 4. Il fallait que j'assigne à l'électron un *quatrième* degré de liberté (le spin), en plus des *trois* déjà associés à son déplacement dans l'espace [1]. »

Cette crise personnelle va durer plusieurs années, jusqu'au second mariage de Pauli, en 1934. Seule sa production scientifique semble indemne, voire prolifique. L'intérêt de Pauli se fixe alors sur les particules élémentaires, et pour longtemps. Amoureux des situations compliquées, friand d'énigmes tenaces qui désespèrent ses collègues, il en vient à se passionner pour l'épineux pro-

1. Lettre de Wolfgang Pauli à M. Fierz datée du 3 octobre 1951, dans Karl von Meyenn (dir.), *Wolfgang Pauli. Scientific Correspondence*, vol. 4, *op. cit.*, 1999, p. 375.

blème que constitue l'un des trois types de radioactivité, celle dite « bêta » : lorsqu'un noyau contient trop de neutrons pour être stable, il se transforme en un autre noyau en émettant un électron. Au cours de l'année 1930, cette transformation nucléaire semble encore très mystérieuse : les mesures indiquent que l'énergie de l'électron émis n'est pas chaque fois la même ; elle peut prendre une valeur quelconque, tantôt grande, tantôt petite, alors qu'on s'attendait à une valeur précise, toujours la même, qui corresponde justement à la différence d'énergie entre le noyau initial et le noyau final. Ces résultats semblent donc violer la loi de conservation de l'énergie qui, dans une telle situation, indique que l'énergie de l'électron doit être parfaitement déterminée. Pour sauver cette loi essentielle de la physique [1] (que Niels Bohr était prêt à réduire à une loi valable seulement de façon statistique dans le monde microscopique, c'est-à-dire non vraie pour chaque événement particulier, mais seulement en moyenne), Wolfgang Pauli, taraudé par le nombre 3, fait une hypothèse audacieuse : contrairement aux apparences, le noyau ne se désintègre pas en deux corps (un autre noyau et un électron), mais en trois. Une troisième particule, pense-t-il, est émise simultanément, qui emporte l'énergie manquante.

Pauli fait connaître son idée d'une façon assez originale. Il sait qu'un colloque va réunir des physiciens allemands à Tübingen, le 6 décembre 1930, en présence de Lise Meitner, une spécialiste de la radioactivité bêta. Mais il hésite à s'y rendre, car son divorce vient tout juste

1. La loi de conservation de l'énergie exprime la pérennité des lois physiques, c'est-à-dire leur invariance « par translation du temps ». Au cours de l'évolution de l'univers, ce sont seulement les conditions physiques qui changent, pas les lois.

d'être prononcé et, pour l'heure, il éprouve le besoin de noyer son mal-être, s'étourdir, fréquenter les fêtes et les bals. Il choisit d'envoyer l'un de ses amis à la conférence avec pour mission d'y lire une communication, dont voici un extrait :

> Chers mesdames et messieurs radioactifs,
>
> Je vous prie d'écouter avec beaucoup de bienveillance le messager de cette lettre. Il vous dira que pour pallier la « mauvaise » statistique des noyaux d'azote et de lithium et la continuité du spectre β, j'ai découvert un remède inespéré pour sauver la loi de conservation de l'énergie. Il s'agit de la possibilité d'existence dans les noyaux de particules neutres de spin 1/2, obéissant au principe d'exclusion, mais différentes des photons en ce qu'elles ne se déplacent pas à la vitesse de la lumière.
>
> [...] Ainsi, cher peuple radioactif, examinez et jugez. Malheureusement, je ne pourrai pas être moi-même à Tübingen, ma présence étant indispensable ici pour un bal qui aura lieu dans la nuit du 6 au 7 décembre.
>
> Votre serviteur, le plus dévoué.
>
> W. Pauli [1]

Le ton désinvolte de la lettre (écrite en état d'ébriété ?), ajouté à la description plutôt confuse de cette nouvelle particule neutre, explique peut-être pourquoi l'hypothèse de Pauli n'est guère prise au sérieux par les participants. Plusieurs mois passent, sans qu'il se passe rien, jusqu'à l'été 1931, durant lequel Pauli effectue un long voyage aux États-Unis, une sorte de tournée des grandes univer-

1. L'intégralité de cette lettre se trouve dans le livre de Jeanne Laberrigue-Frolow, *La Physique des particules élémentaires*, Paris, Masson, 1990, p. 47.

sités. Amené à donner des conférences, notamment à Pasadena, en Californie, il évoque de nouveau son idée d'une nouvelle particule neutre émise chaque fois qu'un noyau atomique subit une désintégration par radioactivité bêta. À Ann Arbor, dans le Michigan, il poursuit ses exposés, mais surtout se casse une épaule, un jour qu'il est fin soûl, en chutant lourdement dans un escalier. Apprenant l'accident, Arnold Sommerfeld évoquera, en plus de l'hypothèse d'une alcoolémie trop forte, celle d'un « effet Pauli inverse » : la réalité empirique, lassée d'être malmenée dès qu'apparaît le théoricien, saisirait la moindre occasion – une descente d'escalier par exemple – pour se venger.

Une fois son épaule remise, Pauli peut se rendre à Rome, où se tient en octobre 1932 un colloque sur la physique nucléaire organisé par Enrico Fermi. Sur place, une réception officielle le contraint à serrer la main de Mussolini [1]. Il en conçoit une honte tenace. Mais il a le loisir d'exposer longuement son idée à Fermi, en privé, lequel saisit aussitôt toute la portée de l'hypothèse. La particule de Pauli, pense-t-il, doit faire partie du puzzle de la matière. Il la baptise « neutrino », qui signifie en italien quelque chose comme « petit du neutron ».

En 1933, quelques mois après la découverte du neutron par James Chadwick, Fermi mettra à profit ces deux nouvelles particules – le neutron et l'hypothétique neutrino – pour élaborer l'une de ses plus belles œuvres, la théorie de la désintégration bêta, qui s'appuie sur deux hypothèses : le proton et le neutron sont deux états diffé-

1. « *Horribile dictu*, j'ai dû serrer la main de Mussolini. Que cela me soit pardonné ! » (Lettre de Pauli à Franco Rasetti datée du 6 octobre 1956, Archives Niels Bohr, Copenhague.)

rents d'un même « objet fondamental » ; quant à l'électron expulsé, il ne préexiste pas dans le noyau mais il est créé en même temps que le neutrino, lors du processus de transformation d'un neutron en un proton. Ce « modèle de Fermi » ouvrira un chapitre très important de la physique de l'interaction nucléaire « faible », cette force responsable de la désintégration bêta et de bien d'autres phénomènes qui ont cours au niveau de l'infiniment petit.

Un an plus tard, Pauli et Fermi, qui sont restés en contact, se retrouvent à Bruxelles, à l'occasion du septième congrès Solvay qui continue de rassembler à l'hôtel Métropole les plus grands physiciens du moment. Cette fois, le noyau des atomes, qui vient de livrer en moins de deux ans plusieurs de ses secrets, s'impose comme le thème principal des discussions. Pauli présente officiellement son nouveau bébé, en commençant par critiquer l'hypothèse de son ami Niels Bohr, selon laquelle l'énergie ne serait pas conservée dans les processus nucléaires : « L'hypothèse admettant que les lois de conservation de l'énergie et de l'impulsion sont en défaut quand il s'agit d'un processus nucléaire où les particules légères jouent un rôle essentiel ne me paraît pas satisfaisante, ni même plausible. » Au gré des discussions, les caractéristiques du neutrino s'affinent : il s'agit d'abord d'une particule de masse très faible, peut-être nulle, de même spin que l'électron ; elle a en outre la propriété d'interagir à peine avec la matière, ce qui la rend très difficilement détectable.

De fait, l'existence de cette particule presque insaisissable sera confirmée bien des années après par deux jeunes Américains, Frederik Reines et Clyde Cowan, qui sauront profiter du très haut flux de neutrinos émis par le cœur du premier réacteur nucléaire américain, à

Savannah River en Caroline du Sud, pour en capturer quelques-uns. Le 14 juin 1956, les deux physiciens enverront un télégramme à Pauli : « Nous sommes très heureux de vous annoncer que nous sommes parvenus à détecter des neutrinos émis par des fragments de fission [1]. » Le père du neutrino leur répondra aussitôt, par la même voie : « Merci pour le message *stop* Tout vient à point à qui sait attendre *stop* Wolfgang Pauli [2]. »

Le neutrino, dont Pauli dira peu de temps avant sa mort qu'il a été « l'enfant fou de la grande crise de [sa] vie [3] », demeure une particule fascinante pour les physiciens d'aujourd'hui. Fantomatique, elle n'interagit pratiquement pas avec la matière, au point que des centaines de milliards de neutrinos en provenance du Soleil peuvent traverser notre corps à chaque seconde sans que nous nous en rendions compte, de jour comme de nuit. Mystérieuse, elle demeure au cœur des grandes questions qui se posent en physique des particules, en astrophysique et en cosmologie. Ce n'est pas un hasard : les neutrinos sont des messagers du cosmos ; témoins privilégiés des tout premiers instants de l'univers, ils sont partie prenante dans la mort des étoiles aussi bien que dans les pulsations nucléaires du cœur du Soleil. En savoir davantage sur eux permettrait d'en savoir davantage sur ces différents phénomènes physiques. Certaines de leurs propriétés échappent pourtant encore à la traque menée par

1. Ce télégramme est reproduit dans l'article de Frederik Reines, « The Early Days of Experimental Neutrino Physics », *Science*, 203, 5 janvier 1979, p. 11.

2. *Ibid.*

3. Lettre de Wolfgang Pauli à Max Delbrück du 6 octobre 1958, dans Karl von Meyenn (dir.), *Wolfgang Pauli. Scientific Correspondence*, vol. 2, *op. cit.*, 1985, p. 38.

les expérimentateurs [1]. Quelle est leur masse ? Comment contribuent-ils à la densité totale de l'univers ? Sont-ils leurs propres antiparticules ?

Mais durant ces années 1930, le neutrino commence tout juste à se faire une place de choix chez les physiciens. Pauli, qui poursuit son analyse avec Jung, commence à se porter mieux. Il boit moins et mène une vie moins agitée. Au printemps 1933, à l'occasion d'une *garden-party* à Zurich, il fait la connaissance d'une jeune femme, Francisca Bertram. Il lui parle avec enthousiasme de l'Amérique. Leur complicité est immédiate. Il est intégralement séduit par sa joie de vivre, elle est fascinée par son originalité. « Il voit tout d'une manière différente », dit-elle. Elle se présente : fille d'un homme d'affaires munichois, elle a été la secrétaire d'un homme politique important, le physicien Friedrich Adler, un ami d'Einstein, que Pauli connaît également. À la fin de la soirée, Pauli lui demande où elle habite.

1. Les neutrinos n'intéressent pas que la recherche fondamentale. Très récemment, ils ont attiré l'attention de l'Agence internationale de l'énergie atomique (AIEA). Pour remplir sa mission de lutte contre la prolifération nucléaire, celle-ci procède à des mesures et à des contrôles auprès des installations nucléaires civiles. Or un réacteur nucléaire classique de 1 000 mégawatts émet environ mille milliards de milliards de neutrinos par seconde. Le nombre exact de ces neutrinos et leur énergie surtout dépendent du combustible nucléaire que brûle le réacteur, en particulier de son taux de plutonium 239 (les neutrinos émis lors de la fission du plutonium 239 sont un peu moins énergétiques et moins nombreux que ceux résultant de la fission de l'uranium 235). Un détecteur de neutrinos assez sensible pourrait donc contrôler, à l'extérieur d'une centrale nucléaire, que son fonctionnement ne s'écarte pas du mode nominal, et mettre en évidence des régimes opératoires visant à produire du plutonium, dans un but éventuellement militaire.

« Hadlaubstrasse, répond-elle. – C'est aussi mon adresse. Je vous ramène. »

Durant l'été, ils partent ensemble visiter le sud de la France. Pauli, qui s'est acheté une automobile décapotable pour la circonstance, se tourne régulièrement vers sa passagère pour lui crier qu'il conduit « plutôt pas mal » tout en lâchant le volant. Heureusement, ils n'auront pas d'accident. Le 4 avril 1934, Wolfgang et Francisca se marient à Londres, ville qu'ils ont choisie parce que ni l'un ni l'autre ne la connaissent, puis reviennent à Zurich et s'installent. Mariage d'amour tendre, longue relation complice et apaisante, sans orages ni brouilles, qui durera jusqu'à la mort du physicien.

L'année 1934 est aussi celle où Pauli et Victor Weisskopf, son assistant, obtiennent un résultat scientifique important. Ils démontrent que des particules électriquement chargées, mais sans spin, admettent des antiparticules de charge électrique opposée. Ce travail, parfaitement analogue à celui que Paul Dirac avait effectué pour l'électron, ne tardera pas à trouver un objet auquel s'appliquer. En 1946, des expérimentateurs découvrent une nouvelle particule dans le rayonnement cosmique, qu'ils appellent le « méson π » ou le « pion » : elle se révèle électriquement chargée et sans spin, exactement conforme au cas envisagé par Pauli et Weisskopf.

En 1938, l'*Anschluss* fait de Wolfgang Pauli un citoyen allemand. Mais il ne voit rien, ne sent rien venir. Pas encore. « Personnellement, je ne crois pas à la guerre [1] », écrit-il encore à un ami en août 1939. Pourtant, le

1. Wolfgang Pauli, lettre à N. Kemmer, datée du 29 août 1939, dans Karl von Meyenn (dir.), *Wolfgang Pauli. Scientific Correspondence*, vol. 2, *op. cit.*, p. 674.

31 juillet 1940, lui et sa femme quitteront Zurich : Pauli, qui a des ancêtres juifs, craint que les frontières de la Suisse n'arrêtent pas la progression du nazisme. Ils parviennent à gagner Lisbonne, d'où ils embarquent pour les États-Unis. Ils vont rejoindre Einstein à Princeton, dans le New Jersey, à l'Institut des études avancées.

Alors que la plupart des physiciens américains font de la « physique de guerre », lui peut continuer à s'adonner avec Einstein, dont il est un voisin de bureau, à la recherche fondamentale. Toutefois, au printemps 1943, très préoccupé par la tournure que prennent les événements outre-Atlantique, il se demande s'il ne devrait pas lui aussi participer activement à l'effort de guerre. Viscéralement antinazi, il contacte Oppenheimer, chef du projet Manhattan [1], auquel il propose ses services. Il s'entend répondre qu'il vaudrait mieux qu'il s'en abstienne pour « maintenir vivants les principes de la science véritable » et pour qu'« il y ait au moins une personne dans le pays qui sache encore ce qu'est un méson π » [2], quand la guerre sera finie.

Pendant toute cette période, où qu'il soit, Pauli met un point d'honneur à ne jamais être en situation de lever le bras droit. C'est sa façon de manifester de la compassion pour les victimes de la barbarie hitlérienne. Il y a toutefois une exception. Alors qu'il réside à l'université de Michigan pour y donner une série de conférences, il se casse (encore) le bras droit, à la hauteur de l'épaule, en

1. Le projet Manhattan visait la construction de bombes atomiques susceptibles d'être utilisées contre l'Allemagne (*cf.* aussi note 1, p. 41).

2. Robert Oppenheimer, lettre à Wolfgang Pauli du 20 mai 1943, dans Karl von Meyenn (dir.), *Wolfgang Pauli. Scientific Correspondence*, vol. 3, *op. cit.*, p. 181.

sautant maladroitement d'une barque à l'issue d'une partie de canotage. On le plâtre de façon à maintenir son bras en l'air, à environ quarante-cinq degrés de la verticale. C'est ainsi qu'il doit prononcer ses discours, une craie dans la main gauche et mimant involontairement et durablement le salut nazi de la main droite. Bien sûr, il refuse catégoriquement de se laisser photographier dans cette situation.

À Princeton, loin des fracas de la guerre, Pauli apporte des contributions décisives à la physique des particules en formalisant ce qu'on appelle « l'invariance CPT », qui a pris depuis une importance particulière en physique des particules.

Quand nous pensons aux symétries, ce sont d'abord les symétries géométriques, celles de la sphère ou du cylindre par exemple, qui nous viennent à l'esprit. Mais d'autres symétries, plus abstraites et d'une grande portée théorique, sont couramment utilisées par les physiciens. Elles permettent de dire comment les forces entre particules « répercutent » les structures de l'espace et du temps. Trois d'entre elles ont une importance particulière : T, le « renversement du temps » ; P, la « parité » ; et C, la « conjugaison de charge ». Ces trois opérations C, P, T peuvent bien sûr être effectuées successivement, dans n'importe quel ordre. On réalise alors l'« opération CPT ». Le point capital, explique Pauli, est que cette opération ne doit modifier aucune des lois connues de la physique. Du moins cette invariance par CPT doit-elle être postulée dans toute théorie physique « raisonnable », car elle exprime de la façon la plus formelle qui soit le principe de causalité, selon lequel les voyages dans le temps ne sont pas possibles. À ce titre, elle constitue en quelque sorte le socle de la physique, sur lequel s'appuient, aujourd'hui encore, les théories les plus audacieuses, comme la théorie des supercordes [1]. Mais en pratique, que signifie-t-elle ? Que les lois physiques qui gouvernent notre monde matériel sont rigoureusement identiques à celles d'un monde d'antimatière observé dans un miroir et où le temps s'écoulerait à l'envers.

Mais en ce bas monde, le temps passe seulement à l'endroit, de sorte que Pauli prend de l'âge, comme tout le monde. Le voilà qui a bientôt quarante-cinq ans et il n'a toujours pas obtenu la reconnaissance qu'il mérite, alors que le prix Nobel a été décerné à Dirac, Heisenberg et Schrödinger plus de dix ans auparavant. Einstein est le premier à considérer qu'il s'agit là d'une injustice. Le 13 janvier 1945, il adresse un télégramme au comité Nobel : « Choisissez Wolfgang Pauli pour le prix de physique *stop* Ses contributions à la théorie quantique moderne notamment le principe d'exclusion sont devenues une part fondamentale de la physique moderne et sont indépendantes des autres axiomes de cette théorie *stop* Albert Einstein [2]. » Le 15 novembre 1945, le comité Nobel se range à l'avis d'Einstein et attribue le prix Nobel de physique à Wolfgang Pauli. Peu après, Pauli

1. La théorie des supercordes tente de bâtir un cadre général capable d'englober la physique quantique, qui décrit les particules élémentaires, et la relativité générale, qui décrit la gravitation. Elle représente les particules non plus par des objets de dimension nulle, mais par des entités rectilignes et sans épaisseur – des supercordes – qui vibrent dans des espaces-temps dont le nombre de dimensions est plus grand que quatre. En vertu du principe de causalité, aucune des dimensions supplémentaires ne peut être temporelle.

2. Cité dans A. Pais, *The Genius of Science. A Portrait Gallery of Twentieth-Century Physicists,* Oxford University Press, 2000, p. 217.

rentre à Zurich, où il reprend son enseignement, qu'il n'interrompt que pour ses voyages à l'étranger.

Depuis leur première rencontre à Bad Nauheim, en 1920, Einstein et Pauli ne se sont jamais perdus de vue. Les deux hommes se respectent et s'apprécient. Après la guerre, on présentera souvent le plus jeune comme le fils spirituel du plus vieux, son *Wahl Sohn*. C'est au cours d'un dîner donné à Princeton, le 10 décembre 1945, pour célébrer son prix Nobel, qu'Einstein en personne l'a désigné comme son successeur. Pauli, qui en a été très honoré et très ému, n'assumera pas complètement l'héritage. La distance intellectuelle entre ces deux grandes consciences de la physique n'a jamais cessé d'augmenter, principalement du fait de leur désaccord sur l'interprétation de la physique quantique. Dès 1929, on trouve cette phrase dans une lettre de Pauli adressée à Hermann Weyl : « Pendant les vacances de Pâques, j'ai rendu visite à Einstein, à Berlin, et j'ai trouvé que son attitude à l'égard de la physique quantique était vraiment réactionnaire [1]. » Les réserves d'Einstein viennent de ce qu'il défend une position « réaliste » : la physique doit proposer une description objective du monde, sans faire appel ni au hasard ni au rôle de l'observateur. Au contraire Pauli, en accord sur ce point avec Niels Bohr, pense que l'opération de mesure doit explicitement intervenir dans l'interprétation de la physique quantique. On ne peut parler d'une particule sans prendre en compte l'interaction que nous, observateurs, pouvons avoir avec elle.

1. Wolfgang Pauli, lettre à Hermann Weyl du 1er juillet 1929, dans Karl von Meyenn (dir.), *Wolfgang Pauli. Scientific Correspondence*, vol. 1, *op. cit.*, p. 505.

On aurait tort, en la matière, de croire que Pauli pratique un certain « suivisme ». Car il ne se contente pas d'exprimer son accord avec l'interprétation de Copenhague proposée par Niels Bohr. Il tente aussi de l'enrichir. Loin de ne s'intéresser qu'à la seule physique, il se passionne de plus en plus pour la philosophie, et va jusqu'à écrire un livre, *Physique moderne et philosophie* [1]. En une dizaine de chapitres, il analyse, interprète, recadre les bouleversements apportés par la physique quantique, qu'il juge littéralement « sans précédent ». De par sa structure même, explique-t-il, elle interroge la relation entre le monde et sa représentation, et pose notamment la question du statut de la théorie par rapport à la réalité. La fonction première d'une théorie est-elle simplement de classifier, d'organiser et de prédire, ou bien doit-elle *de surcroît* dévoiler, par le biais de son contenu, la véritable nature du monde, son ontologie ? Einstein se disait bien sûr partisan de la seconde proposition. Pauli soutient, lui, que ce que nous pouvons obtenir de mieux en matière de connaissance objective ne consiste pas en la production de théories « vraies » qui auraient pour tâche de décrire la nature telle qu'elle est réellement, mais seulement en l'élaboration de théories qui constituent des instruments efficaces pour le calcul et la prédiction.

Par ailleurs, Pauli défend la notion de « complémentarité » que Niels Bohr a proposée en 1927, mais il va la mener bien plus loin que son ami. Que dit Bohr ? Que les phénomènes physiques ne sont pas entièrement exprimables par une seule image, celle de l'onde ou celle du

1. Trad. fr. Claude Maillard, Paris, Albin Michel, coll. « Sciences d'aujourd'hui », 1999.

corpuscule. Il faut faire appel aux deux à la fois. On ne peut définir un concept qu'au moyen d'une expérience concrète qui seule détermine s'il est possible ou non d'utiliser tel ou tel concept pour décrire l'information obtenue. La définition d'un concept, souligne Bohr, n'est donc jamais qu'opérationnelle, de sorte qu'on n'est pas libre d'utiliser sans restriction un concept défini par une expérience concrète pour rendre compte de n'importe quelle autre expérience. Pauli, lui, se sert de la complémentarité comme d'un tremplin, comme d'une catapulte qui, par le jeu des associations, va lui permettre de s'extraire du champ de la physique, et de pratiquer ainsi ce qu'on appellerait aujourd'hui la transdisciplinarité. En 1948, il écrit dans un essai intitulé *Exemples modernes de la physique des fondements* : « La complémentarité physique présente une analogie profonde avec les concepts psychologiques de conscience et d'inconscient, dans la mesure où toute "observation" de contenus inconscients entraîne une action réciproque de la conscience sur ses contenus, que par principe on ne peut pas déterminer. Un "Moi parfaitement conscient" ou une réalité psychique objective qui ne serait considérée (et donc influencée) par aucune conscience subjective sont donc deux cas limites que l'on ne peut rencontrer dans la réalité [1]. » Autrement dit, la complémentarité ne joue pas seulement dans le monde physique. Si l'on accepte de l'utiliser comme une analogie, elle permet aussi de saisir les liens qui unissent le conscient à l'inconscient.

1. Wolfgang Pauli, Carl Gustav Jung, *Correspondance 1932-1958*, trad. fr. Françoise Périgaut, Paris, Albin Michel, coll. « Sciences d'aujourd'hui », 2000, p. 270.

Que montrent ces excursions de Pauli hors du champ de la physique ? Qu'il y a au moins deux visages de Pauli. L'un connu. L'autre à peine. Le premier est celui d'un physicien rigoureux et systématique, volontiers arrogant, capable de proposer des idées radicalement nouvelles et qui, dans ses relations avec les autres physiciens, ne semble croire qu'aux vérités mathématiques que la raison est capable de confronter au monde physique ; ce Pauli-là œuvre dans la droite ligne d'Einstein. Le second, plus onirique, plus mystérieux, plus angoissé aussi, est un esprit ouvert, hardi même, qui n'hésite pas à s'aventurer loin de sa discipline, sur des voies très spéculatives dont certaines sont incompréhensibles pour la plupart de ses confrères. Celui-là cherche tous azimuts, explore toutes les pistes, y compris les régions les plus profondes, les plus obscures de la psyché. C'est peut-être celui qui « se ronge les ongles », pour reprendre le vers de George Gamow cité plus haut.

Ils sont rares les physiciens d'hier et d'aujourd'hui qui savent que Pauli s'est engagé dans une véritable étude, à la fois historique, symbolique et psychologique, de la signification de l'alchimie, dont les images le hantaient. Tout aussi rares ceux qui connaissent l'intérêt qu'il a porté à différentes formes de mysticisme, notamment la Kabbale. La guematria, qui confère une valeur numérique à chaque lettre hébraïque, l'intriguait au plus haut point, surtout lorsqu'il s'est rendu compte que la valeur correspondant au mot « Kabbale » n'est autre que… 137. Pourquoi est-ce si frappant ? Parce que ce nombre entier est l'inverse de la « constante de structure fine », qui vaut 1/137, qu'Arnold Sommerfeld avait introduite dans les années 1920 pour traduire par un nombre sans dimension l'intensité de la force électromagnétique. Pauli est fasciné par cette coïncidence, à double titre [1] : d'abord parce qu'il pense que la physique quantique ne pourra vraiment progresser que si la structure de ce nombre entier est comprise ; ensuite, parce que ce nombre symbolise à ses yeux la liaison avec le monde « magique » des alchimistes [2].

Dès sa rencontre avec Jung, Pauli se passionne pour les mystères de la vie psychique. Il s'intéresse notamment au rôle de l'inconscient dans la création scientifique, et voudrait réaliser, sur un plan supérieur, le vieux rêve de l'alchimie : créer les bases d'une saisie unitaire des sphères physique et psychique. Avec l'aide de Jung, il cherche fiévreusement le point d'unité d'où pourraient surgir, en se différenciant, la *physis* et la *psyché*. Car le psychanalyste et le physicien ont une double conviction : il est tout aussi impossible au premier de négliger les principes méthodiques de la physique qu'au second de ne pas tenir compte de ses expériences psychiques. La seule approche acceptable à leurs yeux est donc celle qui reconnaît comme conciliables ces deux « plans » de la réalité, d'ordinaire séparés. En 1950, Pauli écrit à l'un de ses amis : « Je suis convaincu que la réalité que traitera la science future ne sera ni "psychique" ni "physique", mais qu'elle aura d'une certaine

1. En fait, on sait aujourd'hui que la constante de structure fine, introduite par Arnold Sommerfeld et définie comme le carré de la charge de l'électron divisé par la constante de Planck et par la vitesse de la lumière, n'est pas rigoureusement égale à 1/137. Elle vaut précisément 1/137,036. Toutes les recherches d'inspiration plus ou moins « numérologique » menées, à l'époque de Pauli, à propos du nombre entier 137 étaient donc sans objet.

2. Voir par exemple Wolfgang Pauli, *Physique moderne et philosophie*, *op. cit.*, p. 121.

façon ces deux caractéristiques à la fois, tout en étant ni l'une ni l'autre [1]. »

À mesure qu'il avance dans son analyse, Pauli « rêve » de plus en plus ses problèmes. Il tente d'identifier les symboles archétypaux qui se manifestent derrière les concepts scientifiques qu'il utilise. La science, il le sait, il le sent, puise ses assises les plus profondes en amont d'elle-même. Cette pente amène naturellement Pauli à se tourner vers Kepler. À ses yeux, l'astronome allemand est celui qui incarne le mieux la transition historique qui s'est produite au XVIe siècle : d'une exploration mystique de l'harmonie du monde on est progressivement passé à une approche plus mathématique, plus scientifique, celle de la physique moderne. Pauli consacrera un livre à cet auguste pionnier afin d'étudier dans son œuvre « l'influence des notions archétypales sur la formation de théories scientifiques [2] ». À l'opposé de la conception purement empiriste, qui voudrait que les lois naturelles soient tirées des seules données de l'expérience, Pauli met en avant le rôle joué par l'intuition dans la formation des concepts scientifiques. Selon lui, ce rôle est implicitement contenu dans la notion d'« archétype », que Kepler proposa au début du XVIIe siècle, et qui renvoie à un ensemble d'images primordiales formant passerelle entre les percepts et les concepts, et rendant ainsi la connaissance possible. Ainsi, pour Kepler, l'ensemble des nombres forme un archétype du monde, au sens où, sans eux, l'esprit humain ne pourrait rien en saisir. De là il

1. Wolfgang Pauli, lettre à Abraham Pais datée du 17 août 1950, dans Karl von Meyenn (dir.), *Wolfgang Pauli. Scientific Correspondence*, vol. 4, *op. cit.*, p. 557.

2. Wolfgang Pauli, *Le Cas Kepler*, Paris, Albin Michel, coll. « Sciences d'aujourd'hui », 2002.

déduit que l'explication de la nature doit être quantitative, et cette conception imprégnera toute sa démarche expérimentale : il s'agit de découvrir la beauté cachée du monde et de l'expliquer de façon rigoureuse, c'est-à-dire sans approximation.

Cette notion d'archétype intéresse d'autant plus Pauli qu'elle a été explicitement travaillée par Jung qui désigne ainsi les organisateurs inconscients de la représentation et du comportement, qui ont une fonction structurelle, mieux, structurante. Le père du neutrino la reprend à son compte : selon lui, il faut réintroduire le psychisme du sujet dans l'explication de la nature. Sur ce point, il se démarque nettement de Bohr et des autres partisans de l'école de Copenhague qui refusent d'évoquer le psychisme par crainte d'être accusés de subjectivisme. Pauli considère, lui, que la psyché est aussi objective que ce qu'elle observe, et il prédit que la physique s'éloignera toujours plus de l'idéal qu'envisageait la physique classique, celui d'un observateur détaché, passif, neutre. Dans une lettre à Jung, datée du 23 décembre 1947, il ne craint pas d'aller très loin : « La microphysique fait à nouveau entrer en scène l'observateur, petit maître de la création au sein de son microcosme, qui possède la faculté de choisir et d'influencer de manière fondamentalement incontrôlée l'objet observé. Mais lorsque ces phénomènes dépendent de la façon dont ils sont observés, n'y a-t-il pas alors peut-être *aussi* des phénomènes qui dépendent de la *personne* qui les observe ? Et lorsque les sciences naturelles, depuis Newton à la poursuite de l'idéal déterministe, butent sur le "peut-être" fondamental du caractère statistique des lois naturelles, ne devrait-il pas y avoir place pour toutes les curiosités pour lesquelles la distinction entre "physique" et "psychique" n'a finalement plus de sens (de même que la distinction entre "physique" et "chimique" aujourd'hui) [1] ? » C'est donc bien l'idée d'un monde unitaire, comprenant à la fois les dimensions physique et psychique, aux frontières flottantes, qui motive l'intérêt de Pauli pour la « préhistoire » de la pensée scientifique, à ses yeux incarnée par Kepler.

Avec le recul, on est en droit de se demander si Pauli n'a pas été le fils spirituel de l'astronome allemand, ou de Jung, autant que celui d'Einstein. Cette ambiguïté pose-t-elle problème ? Non. Car en matière de paternité symbolique, il n'est nul principe d'exclusion qui vaille.

La quête éperdue de Pauli ne s'interrompra qu'avec sa mort. Le 5 décembre 1958, il ressent de vives douleurs au ventre qui l'obligent à arrêter le cours qu'il est en train de donner et à rentrer chez lui en taxi. Le mal s'aggrave, et il entre le lendemain à l'hôpital de la Croix-Rouge à Zurich.

Sept jours durant, il se demande par quel hasard il a bien pu se retrouver dans la chambre n°... 137 [2] ! La constante de structure fine ne lui accorderait donc aucun repos ? Mais cette coïncidence récurrente ne lui semble pas un bon présage. Le 13 décembre, on l'opère en vain d'un cancer du pancréas. Il meurt deux jours plus tard, à l'âge de cinquante-huit ans.

Si l'on en croit l'anecdote colportée depuis dans le milieu des physiciens théoriciens, la mort n'a pas vraiment changé Pauli. Elle raconte que le père du neutrino fut accueilli au paradis par Dieu lui-même :

1. Wolfgang Pauli, Carl Gustav Jung, *Correspondance 1932-1958*, *op. cit.*, p. 60-61.

2. Voir Charles P. Enz, *No Time to be Brief. A Scientific Biography of Wolfgang Pauli*, *op. cit.*, p. 533-534.

« Pauli, tu as été un brave homme et un très grand physicien. Qu'est-ce qui te ferait plaisir ?

– J'aimerais bien connaître le secret de l'univers, que j'ai cherché toute ma vie.

– Facile », lui répond Dieu, tout en le conduisant près d'un tableau noir, sur lequel Il écrit à la craie trois longues équations. Puis Il se retourne vers Pauli, l'air satisfait : « Voilà. » Pauli regarde les équations en portant sa main au menton, hoche la tête et lâche : « Stupide ! »

VI

PAUL EHRENFEST, L'ONCLE SOCRATE

S'affirmer, ce n'est pas nécessairement mettre plus de « Je » dans le monde, c'est aussi chercher à ne mettre personne là où il y a « Je ».

Maurice Blanchot

Lorsque quelqu'un est mort, nous voyons sa vie dans une lumière conciliante. Sa vie nous semble arrondie par une sorte de vapeur. Mais pour lui elle n'était pas arrondie, elle était pleine d'aspérités et imparfaite. Pour lui, il n'y avait pas de réconciliation ; sa vie était nudité et détresse.

Ludwig Wittgenstein

À l'annonce du suicide de Paul Ehrenfest, le 25 septembre 1933, Albert Einstein, son ami le plus cher et peut-être « l'homme de sa vie », écrivit : « L'impression, objectivement injustifiée, qu'il avait de n'être jamais à sa place le tourmentait sans cesse, le privant souvent de la paix de l'esprit nécessaire à une recherche sereine. [...] Sa tragédie tenait précisément dans un manque de confiance en lui-même quasi morbide. [...] Le plus fort attachement de sa vie était celui qui le liait à sa femme et collaboratrice, son égale intellectuelle. [...] Il le lui rendait en lui vouant une vénération et un amour tels qu'il m'a rarement été donné d'en voir dans ma vie [1]. »

La vie de Paul Ehrenfest ressemble à celle d'un personnage de Scott Fitzgerald : une secrète fêlure, un bruit de fond qu'on croit anodin, un insidieux processus en ont orienté la texture et le cours tragique. Pourtant, il fut aussi un excellent physicien, reconnu par l'ensemble de ses pairs.

Paul Ehrenfest naît à Vienne le 18 janvier 1880. Ses parents tiennent une modeste épicerie, loin des beaux quartiers. Paul est le petit dernier d'une famille de cinq garçons. C'est un enfant malingre, qui souffre de vertiges et saigne fréquemment du nez. Quand il entre à l'école pour la première fois, à l'âge de six ans, il sait déjà lire, écrire et compter : ses frères lui ont appris tout cela. Ils l'initient ensuite aux mathématiques, de façon ludique, en lui soumettant des énigmes, des devinettes et des paradoxes. Paul retiendra la leçon et adoptera cette méthode lorsqu'il deviendra lui-même professeur. Apprendre, cela doit se faire dans la joie et la gaieté. Et sans hâte. Car lorsqu'elle se précipite, la pensée n'est plus disponible pour la clarté. Il appartient donc au professeur de susciter chez ses élèves une sorte d'enthousiasme calme, sans crispation musculaire ou mentale, qui s'appuie sur la discussion réfléchie de ce qui est avancé.

Les bulletins scolaires de Paul sont excellents, dans toutes les matières. Mais un drame vient bouleverser cet

1. Ces phrases sont extraites d'un texte d'Einstein paru dans l'*Almanach van het Leidsche Studencorps* en 1934. Il est reproduit dans Albert Einstein, *Œuvres choisies*, vol. 5, *Science, éthique, philosophie*, édition sous la direction de Françoise Balibar, Paris, Seuil/CNRS, 1991, p. 213-215.

ordre des choses : en 1890 sa mère meurt d'un cancer du poumon. Paul n'a que dix ans. Et très vite son père se remarie avec la plus jeune de ses belles-sœurs. Pour le jeune garçon, c'est un double choc qui a des effets terribles. Il en veut à la terre entière en même temps qu'il se déteste, et devient dépressif. À l'école, ses notes tombent en chute libre, sauf en mathématiques.

Six ans plus tard, son père meurt à son tour, des suites d'un vieil ulcère à l'estomac. L'adolescent veut quitter le lycée, mais son frère aîné, Arthur, qui sent sa fascination en germe pour la science, l'encourage à poursuivre. Joli flair… Paul se met à étudier, avec passion même, comme si l'apprentissage était le seul rempart efficace qu'il ait trouvé contre le malheur. Il réussit brillamment le baccalauréat. Mais toute sa vie il conservera un avis négatif sur l'enseignement dispensé au lycée – ses propres enfants seront éduqués à la maison.

Pourtant, à Vienne, sans doute la ville la plus intellectuelle d'Europe, le système éducatif est excellent. Lycées et universités sont ouverts à tous, aux femmes comme aux hommes, avec un octroi de bourses pour les élèves dont les parents sont démunis. Paul Ehrenfest en profite et entre en 1899 à l'Institut de technologie pour y étudier la chimie. Mais, à nouveau sur les conseils d'Arthur, il se tourne rapidement vers la physique. Il suit avec passion les cours de mécanique théorique donnés à l'université par le plus célèbre des physiciens autrichiens, Ludwig Boltzmann. Celui-ci a démontré qu'on peut retrouver les principes de la thermodynamique à partir des propriétés microscopiques des constituants de la matière, en utilisant les probabilités. Pour Ehrenfest, c'est un nouveau choc, positif cette fois. À vingt ans à peine, il découvre sa vocation véritable : il sera physicien théoricien.

En 1901, Boltzmann quitte Vienne pour enseigner à Leipzig, où il séjournera deux ans. Ehrenfest, lui, part pour Göttingen se former aux mathématiques avec Félix Klein, le chef de l'école mathématique allemande, Ernst Zermelo, l'un des pionniers de la théorie des ensembles, et David Hilbert, qui vient de publier la liste des vingt-trois problèmes ouverts en mathématiques. Il discute aussi de philosophie avec le père de la phénoménologie, Edmund Husserl. On conçoit qu'il peut y avoir pires maîtres ! C'est également à Göttingen que Paul Ehrenfest fait la connaissance d'une jeune étudiante russe, aveuglante comme une tombée de foudre. Sentant la brûlure du grand amour, il lui parle avec des lèvres en sucre. Son nom ? Un exercice de diction à lui tout seul : la belle s'appelle Tatiana Alexeïevna Afanassieva.

Le 23 juin 1904, de retour à Vienne, Paul soutient la thèse qu'il a consacrée à d'épineux problèmes d'hydrodynamique sous la direction de Ludwig Boltzmann. Mais il n'est pas assez satisfait de son travail – c'est l'un de ses traits distinctifs – pour la publier. La même année, le 21 décembre, il épouse Tatiana, qui, au passage, simplifie son nom. Mais cela ne se fait pas sans difficultés. Car elle est orthodoxe et il est juif. La loi austro-hongroise de l'époque stipule que le mariage d'un juif avec une chrétienne n'est possible que si les futurs époux renoncent à leur religion ; tous deux deviennent officiellement athées.

Très vite, Paul et Tatiana Ehrenfest collaborent étroitement sur des questions de physique théorique, notamment sur l'interprétation statistique de la thermodynamique : comment établir proprement, étape par étape, le lien entre le comportement global d'un système macroscopique et le nombre gigantesque d'événements élémentaires qui le constitue ?

Paul n'obtenant pas de poste universitaire à Vienne, il retourne à Göttingen en 1905, où ses démarches ne sont pas davantage couronnées de succès. L'avenir s'assombrit. Le présent aussi : en septembre 1906, Ehrenfest apprend que Ludwig Boltzmann, son maître vénéré, s'est donné la mort à Duino, près de Trieste. Comme lui, Boltzmann était sujet à des accès dépressifs. Ce drame le hantera jusqu'à la fin de ses jours, au point, peut-être, de l'inspirer, voire de l'aspirer.

1907 marque le début d'une période de précarité en même temps que de travail intense. Les Ehrenfest partent pour Saint-Pétersbourg dans l'espoir de faire carrière en Russie. Ils y rencontrent des physiciens et des mathématiciens, écrivent ensemble leurs premiers articles, éclaircissent certaines notions demeurées obscures dans les théories de mécanique statistique de Boltzmann et de Gibbs. Il s'agit pour eux de mieux comprendre, dans le cadre de la physique de Newton, l'origine de l'irréversibilité des phénomènes, par laquelle les systèmes macroscopiques connaissent au cours du temps des changements ou des transformations qui les empêchent à tout jamais de retrouver leur état initial.

Mais pour Paul, rien ne change. Il a beau poser sa candidature auprès de nombreuses universités, dans l'Europe entière, il n'obtient toujours pas de poste. Lui et Tatiana ont maintenant deux enfants, deux filles, et ils désirent ardemment s'établir. Paul commence à se décourager fortement quand, en 1912, l'université de Leyde, en Hollande, lui propose la chaire de physique théorique jusque-là occupée par Hendryk Lorentz. C'est sa réputation de physicien mais aussi d'excellent conférencier qui lui vaut d'être sollicité. Il file aussitôt aux Pays-Bas et s'y installe avec sa famille.

C'est à Leyde que Paul Ehrenfest va donner sa véritable mesure. D'abord, il se révèle un professeur hors pair, un conférencier envoûtant, extraordinairement clair. Il a la passion de l'explication, de la netteté, de la précision : tout doit finir par être limpide pour tous. Il n'est pas seulement attentif à son auditoire, il est plein d'un humour bienveillant. « C'est le meilleur de tous », dira de lui Einstein. Il se comporte un peu avec ses étudiants comme son grand frère Arthur se comportait avec lui : il veille à ce qu'ils voient clair, à ce que la lampe de leur entendement soit toujours remplie d'huile, et brûle. C'est une sorte de sorcier savant : grâce à de longues heures de discussion, il apprend à ses élèves l'art de l'argumentation, les encourage à ne se satisfaire que d'explications limpides, à se méfier des calculs dont la signification physique n'est pas explicite. Ses étudiants le surnomment « oncle Socrate ».

Sa passion pour la physique et ses initiatives donnent rapidement une nouvelle vitalité à la communauté scientifique de Leyde ; il provoque de multiples occasions de rencontre entre chercheurs et étudiants en organisant des séminaires de haut niveau, les bientôt célèbres « colloques Ehrenfest ». Le but ? Apprendre des choses nouvelles aux étudiants, ou clarifier encore ce qu'ils croient savoir. Les orateurs sont prévenus : « Vous devrez être clair et vous mettre à la portée de l'auditoire. Certes, nous comprenons vite, mais nous savons peu de choses. » Tout dérapage fumeux est interrompu. Un jour, au beau milieu de sa démonstration, Werner Heisenberg est sommé de reprendre toute son argumentation, « car,

Werner, c'est à *nous* que tu dois expliquer tout cela aujourd'hui, pas à Pauli ! »

Ainsi, Ehrenfest convie à Leyde les plus grands théoriciens étrangers pour qu'ils y présentent leurs derniers travaux : Pauli, Bohr, Fermi, Oppenheimer, Langevin ou Einstein s'y rendent tour à tour. De sorte que dans le petit monde des physiciens voyageurs, les « manies » des Ehrenfest deviennent vite célèbres : chez eux, on ne mange ni viande ni poisson, on ne boit pas d'alcool et on ne fume pas [1]. Mais l'ambiance y est toujours très chaleureuse. Car notre homme arbore presque toujours un sourire qui ferait aujourd'hui merveille à la télévision et a incontestablement du génie en matière de *go between*, un génie sans équivalent à cette époque : il perçoit instinctivement le potentiel de fertilité de certaines rencontres ou collaborations possibles. Son credo : rien ne vaut une discussion critique et bien ordonnée, mais dans un contexte agréable, afin que naissent les bonnes idées, que soient résolus les problèmes. Parler, c'est *bien* parler, et bien parler, c'est toujours éclaircir. Cette façon qu'a Ehrenfest de mettre les uns et les autres en relation relève de la vocation, presque de la sainteté. De la nécessité aussi, car il combat ses propres angoisses par d'interminables discussions.

1. Ehrenfest ne supportait aucune odeur, à l'exception de l'air frais. Un jour qu'il avait rendez-vous avec lui, l'un de ses étudiants les plus prometteurs, Hendrik Casimir, était allé se faire couper les cheveux et s'était aperçu trop tard que, sous le coup d'un excès de zèle, le coiffeur avait commencé de frictionner son cuir chevelu avec une lotion atrocement parfumée. Le pauvre dut arpenter les rues de Leyde pendant deux bonnes heures pour en dissiper l'odeur, avant d'oser sonner chez son professeur (voir George Gamow, *Trente années qui bouleversèrent la physique*, *op. cit.*, p. 43-44).

Depuis 1905, l'année miraculeuse de la physique, Paul Ehrenfest est lui aussi subjugué par les travaux d'Einstein, qu'il a lus et relus : comment un homme a-t-il pu, en si peu de temps, rédiger quatre articles révolutionnaires ? se demande-t-il. En 1912, n'y tenant plus, il écrit à plusieurs reprises au père de la relativité, alors en poste à l'université de Prague, pour lui dire qu'il souhaite vivement le rencontrer. Einstein finit par accepter. Leur premier rendez-vous dans l'espace-temps sera déterminant.

Au jour et à l'heure dits, Einstein l'attend sur le quai de la gare de Prague, un cigare à la bouche ; Mileva, sa femme, se tient à son côté. Ils se rendent tous les trois dans un café où ils discutent de presque tout, sauf de science. Puis Mileva les quitte pour préparer un repas « spécial », car notre homme a prévenu qu'il est végétarien. Einstein et Ehrenfest marchent alors jusqu'à l'université en parlant physique tout le long du chemin. Soudain, un violent orage éclate, dont le seul effet est de contraindre ces deux passionnés à élever la voix sous une pluie torrentielle. Ce soir-là, Einstein, qui est violoniste à ses heures, a rendez-vous avec les trois partenaires de son quatuor à cordes. Il charge donc l'un de ses collègues, Anton Lampa, de s'occuper de son hôte, littéralement trempé.

Après la répétition, Einstein revient chercher Ehrenfest pour l'emmener chez lui. À une heure et demie du matin, ils discutent encore. « Nous sommes devenus de vrais amis en quelques heures, écrira Einstein par la suite, comme si nos rêves et nos aspirations étaient faits pour se rencontrer [1]. » C'est l'exaltation. Deux jours

1. Cette phrase est extraite d'un texte d'Einstein paru dans l'*Almanach van het Leidsche Studencorps* en 1934. Il est reproduit dans Albert Einstein, *Œuvres choisies*, vol. 5, *Science, éthique, philosophie*, *op. cit.*, p. 215.

durant, ils n'arrêtent de parler que pour dormir ou faire ensemble de la musique, Ehrenfest au piano, Einstein au violon. Une mention dans le journal de Paul Ehrenfest, à la date du 12 février 1912, fait écho à l'enthousiasme d'Einstein : « Oui, nous serons amis. Ai été terriblement heureux [1]. » Dans la lignée de « parce que c'était lui, parce que c'était moi », Montaigne et La Boétie viennent de faire deux adeptes.

Durant les mois qui suivent, Einstein ne parvient pas à répondre à l'avalanche de lettres que lui envoie son ami. Pour se rattraper, il lui propose de l'accueillir à Zurich, avec Tatiana. Le couple arrive en Suisse en juin 1913. Ehrenfest est radieux. Il noircit son journal de récits enthousiastes de conversations, de séances de musique, de rencontres avec les amis d'Einstein, Marcel Grossmann et Michele Besso. Un seul regret sur les deux semaines passées à Zurich, le 25 juin 1913 : « Une journée sans Einstein [2] ! » C'est un signe : pendant vingt ans, Einstein et Ehrenfest se verront régulièrement et s'écriront beaucoup.

Le premier séjour d'Einstein en Hollande, dans la grande maison des Ehrenfest, n'a lieu qu'en septembre 1916. Il doit prononcer une leçon inaugurale à l'université sur « l'éther et la théorie de la relativité ». À en croire les mises en garde de son hôte, il aura à enseigner dans une camisole de force (la toge académique qu'il sera tenu de porter), sans support visuel ni tableau noir pour écrire des équations. À cela s'ajoutera l'obstacle de la langue. Son ami Paul lui conseille enfin de laisser aux

1. Cité par Martin Klein, *Paul Ehrenfest. The Making of a Theoretical Physicist*, American Elsevier, 1970, p. 86.

2. Journal de Paul Ehrenfest, 25 juin 1913.

auditeurs les plus âgés le temps de se réveiller, à la fin de la conférence, avant de les remercier pour leur attention. Cette plaisanterie préventive aurait eu une certaine utilité.

Einstein apprécie ce premier séjour à Leyde, intellectuellement « rafraîchissant » en même temps qu'il lui apporte les bonheurs de l'amitié. De retour à Berlin, il ne parle plus que des « adorables Ehrenfest ». « Le voyage en Hollande m'a fait un bien indescriptible, écrit-il à ses amis, à la fois physiquement et intellectuellement ; je me sens beaucoup plus frais, plus joyeux. La solitude n'est supportable que jusqu'à un certain point [1]. » Un peu plus tard, il confie à Ehrenfest : « Mes pensées vous accompagnent souvent. C'est une si bonne chose pour chacun de nous d'avoir la chance de nous retrouver plus souvent. C'est comme si la nature nous avait faits l'un pour l'autre [2]. »

Dans cette amitié, toutefois, il y a comme une épine, un petit mal de cœur, intermittent, tenace, dont Ehrenfest ne pourra jamais se débarrasser. Il a certes une connaissance approfondie de toute la physique, il est certes un excellent professeur et un parfait critique de la physique contemporaine, capable aussi bien de clarifier des formulations absconses que de détecter des erreurs ou des incohérences dans les nouvelles théories [3], mais – et c'est le grand hic – il n'est pas un grand créateur. Einstein l'est

1. Lettre d'Albert Einstein à Paul Ehrenfest datée du 24 octobre 1916 (cité dans Françoise Balibar et Jean-Marc Lévy-Leblond [dir.], *Album Einstein*, Seuil/CNRS, 1989, p. 42).

2. *Idem*, 3 novembre 1916.

3. Parfois à tort. C'est ainsi qu'Ehrenfest fut un éminent neutrinophobe, à une époque, il est vrai, où Pauli n'avait encore guère convaincu ses collègues de l'existence du neutrino.

pleinement. Toute la blessure d'Ehrenfest se concentre là, dans cet écart ressenti : il se considère comme étant du côté des passeurs, des commentateurs, pas du côté des concepteurs géniaux, si bien qu'il souffre constamment d'un complexe d'infériorité à l'égard de celui qu'il regarde comme un véritable phénomène.

À l'occasion de son deuxième séjour à Leyde, en 1920, Einstein perçoit combien son ami est déprimé, pessimiste quant à son propre travail, comme dépassé, écrasé même, par le génie de ceux qu'il aime tant réunir. De retour à Berlin, il écrit à Ehrenfest pour l'engager à se ressaisir, à reprendre confiance. « Ne t'impatiente pas avec moi, lui répond Paul. Souviens-toi que je me promène parmi les monstres que vous êtes comme une grenouille inoffensive et sans défense qui craint de se faire écraser [1]. » Deux semaines plus tard, il passe aux aveux : « Je suis très déprimé, en partie à cause des éternels (et secondaires !!!) soucis d'argent, en partie parce que je ne travaille absolument pas. Ce que je parviens à faire n'est pas de la science, mais un peu de conversation distrayante sur la physique – la physique des autres. Je serais parfaitement heureux si je n'étais pas si mou et mon ambition pas si stérile [2]. »

Dans l'ombre d'Einstein, Ehrenfest se vit en toutes circonstances comme un interprète de la physique plutôt que comme un compositeur, allant jusqu'à oublier qu'il est lui aussi un pionnier dans certains domaines.

Il est l'un des premiers qui s'attachent à comprendre la signification physique des quanta d'énergie introduits par Max Planck en 1900, dans son étude du rayonnement du

1. Lettre de Paul Ehrenfest à Albert Einstein du 16 août 1920.
2. *Idem*, 2 septembre 1920.

corps noir [1]. En 1917, dans un tout autre registre, celui de la mécanique céleste, il démontre que les équations décrivant le mouvement des planètes autour du Soleil n'ont de solutions stables que dans un espace à trois dimensions [2]. Il est aussi l'auteur d'un théorème désormais célèbre, qui porte son nom, et qui contribuera, à la fin des années 1920, à clarifier les liens entre les formalismes quantique et classique : les valeurs moyennes de certaines grandeurs dans le monde quantique obéissent aux lois de la physique classique.

Mais rien n'y fait : en dépit de l'importance de ses travaux et de l'avis unanime de ses confrères, Ehrenfest ne se considère pas comme un physicien de grande envergure. Il se sent incapable d'inventer de nouvelles théories. Son sens critique serait-il trop aigu pour qu'il consente à apprécier les fruits de sa propre activité intellectuelle ? Tout cela retentit sur son humeur, dont les manifestations prennent des allures de montagnes

1. C'est d'ailleurs à Ehrenfest que l'on doit la fameuse expression « catastrophe ultraviolette » pour désigner le fait que, dans le calcul classique du spectre lumineux contenu dans un corps noir, la présence de fréquences élevées fait tendre vers l'infini l'énergie totale qu'il contient.

2. Ce résultat a été invoqué par certains partisans du principe anthropique à partir des années 1970. Examinant l'impressionnante succession d'événements qui ont conduit à l'apparition de l'homme, après 15 milliards d'années, certains cosmologues en ont conclu que l'univers est tel qu'il est pour rendre possible, et même inéluctable, cette apparition. Le principe anthropique (du grec *anthropos*, « l'homme »), qui fait de l'homme la finalité de l'univers, est très controversé. Notamment parce qu'il s'appuie sur un mode de raisonnement très différent de celui habituellement utilisé en physique : il prétend expliquer le processus cosmique par son résultat plutôt que par les lois qui le régissent.

russes : une force de gravité spécifique s'acharne à faire retomber ses rares pensées optimistes.

Autrement dit, Ehrenfest se sent crapaud parmi les princes. La cinquième roue du carrosse, c'est lui, toujours lui. Cette sous-estimation pathologique est sans doute aggravée par la désinvolture de son grand ami Albert. Précisément parce qu'il le considère comme son double, Einstein, le créatif, n'hésite pas à remettre à sa place le professeur Ehrenfest, ou à le moquer gentiment.

C'est ce qui se produit en 1924 à l'occasion d'une discussion entre les deux hommes à propos des propriétés quantiques d'un gaz de molécules. Un an auparavant, en Inde, un jeune physicien, Satyendranāth Bose, s'est interrogé sur la bonne façon d'introduire la loi du rayonnement d'un corps noir, dite « loi de Planck », dans ses cours de physique quantique à l'université de Calcutta. Il a remarqué qu'il n'existe pas de démonstration exclusivement quantique de cette loi dans la littérature spécialisée. Même les calculs d'Einstein, qui datent de 1916, ne satisfont pas Bose, car ils s'appuient sur certaines hypothèses spécifiques concernant les processus d'absorption et d'émission de la lumière par les atomes. Dans l'isolement le plus total, Bose parvient à décrire le rayonnement électromagnétique comme un gaz de photons, obtenant ainsi une démonstration de la loi de Planck qui repose intégralement sur la théorie quantique [1].

Bose rédige, en anglais, un article qui ne rencontre pas le moindre écho. En désespoir de cause, il se tourne vers le seul scientifique qu'il croit capable de comprendre ses travaux : il écrit à Einstein, le prie de

1. Bose introduisit au passage ce que l'on appellerait plus tard le « spin des photons ».

lire son article et de s'intéresser à ses calculs. Einstein prend même le temps de traduire l'article en allemand [1], y ajoute son propre avis et veille à ce qu'il soit publié, sous le nom de l'auteur, dans l'une des grandes revues de l'époque [2]. Il essaie ensuite de voir si l'on peut transposer les calculs de Bose à d'autres particules que les photons, par exemple à des molécules. Il envisage donc un gaz de molécules et obtient pour la première fois, simplement en prolongeant les idées de Bose, une théorie quantique du gaz parfait [3]. À sa grande surprise, il constate qu'elle a pour conséquence la « dégénérescence » du gaz à très basse température : à mesure que la température s'approche du zéro absolu, un nombre croissant de molécules s'installent dans l'état fondamental, c'est-à-dire dans l'état de plus basse énergie.

Einstein publie un article sur la question, qu'Ehrenfest commente de façon très pertinente, comme à son habitude. Ce dernier souligne que le calcul utilisé par Bose et repris par Einstein signifie la perte de l'« indépendance statistique » des molécules : le gaz semble perdre les propriétés d'un gaz parfait, au sens où ses molécules abandonnent toute individualité. Dans un premier temps, Einstein ridiculise affectueusement les arguments de son ami : « Ton ingéniosité est remarquable, tes arguments sont faibles (*Deine Witze sind*

1. Une bonne façon de mesurer ce qui nous sépare de cette époque est de poser simplement la question : qui aurait aujourd'hui l'idée de traduire en allemand, dans un but de publication, un article scientifique rédigé en anglais ?

2. Satyendranāth Bose, *Zeitschrift für Physik*, 26, 1924, p. 178.

3. Albert Einstein, *Preussische Akademie der Wissenschaft, Sitzungsberichte*, 1924, p. 261.

grossartig, deine Argumente schwach [1]). » Ehrenfest en est blessé. Pourtant, Albert se range vite à l'analyse de Paul et rédige un second article dans lequel il admet que la perte de l'indépendance des molécules est une indication en faveur de « l'hypothèse d'une influence entre molécules qui reste pour l'instant tout à fait mystérieuse [2] ».

On comprendra plus tard que Bose et Einstein – Ehrenfest, lui, n'est jamais cité à ce propos – viennent de découvrir une nouvelle statistique, dite « statistique de Bose-Einstein », qui décrit le comportement de certaines particules quantiques [3]. Elle prévoit l'apparition, à très basse température, d'un nouvel état de la matière, le « condensat de Bose-Einstein » : une fraction importante des particules se retrouvent simultanément dans le même état, comme si elles ne formaient plus qu'une seule entité, une sorte d'agglomérat solidaire [4].

Mais, depuis un certain 30 juillet 1922, les propriétés quantiques des gaz, aussi étonnantes soient-elles, ne sont pas le seul sujet de préoccupation de Paul Ehrenfest. Ce jour-là, lui et Tatiana reçoivent un choc terrible : les

1. Ce sont les termes que rapporte Wolfgang Pauli dans une lettre à son collègue Gunnar Källen datée du 21 janvier 1955 (dans Karl von Meyenn [dir.], *Wolfgang Pauli. Scientific Correspondence*, vol. 4, New York, Springer, 1999, p. 121).

2. Albert Einstein, *Preussische Akademie der Wissenschaft, Sitzungsberichte*, 1925, p. 3.

3. Celles dont le spin est quantifié par un nombre entier et qu'on appelle des bosons, en hommage à Bose.

4. Les premiers condensats de Bose-Einstein ont été obtenus en 1995 avec des atomes de rubidium à l'université du Colorado, par Eric Cornell et Carl Wieman, et avec des atomes de sodium à l'Institut de technologie du Massachussetts, par Wolfgang Ketterle. Ces trois physiciens ont reçu le prix Nobel de physique en 2001.

médecins leur annoncent que leur second fils, Wassik, âgé de quatre ans, est mongolien. Le père de famille est ébranlé, dévasté même. Mais au prix d'efforts intenses, le physicien continue de jouer son rôle de passeur, un rôle devenu vital, et la physique en tire le plus grand bénéfice.

En mai 1920, il avait organisé chez lui, à Leyde, la première rencontre entre Niels Bohr et Albert Einstein, qui fut elle aussi déterminante. Einstein, immédiatement séduit par le physicien danois, avait alors avoué à Ehrenfest : « C'est vraiment un homme de génie. [...] J'ai entièrement confiance en sa façon de penser. [...] Je suis amoureux de lui autant que toi [1]. » Mais au cours des années suivantes, Ehrenfest voit peu à peu apparaître des nuances dans la façon qu'ont les deux hommes de comprendre la physique quantique. En 1925, il perçoit clairement que la physique du monde microscopique est arrivée à la croisée des chemins : soit elle parvient à retrouver le cadre d'interprétation de la physique classique, qui n'attribue pas de rôle fondamental à l'observateur, soit elle le quitte définitivement. Et Ehrenfest a une intuition, une conviction même : cette grande affaire de l'interprétation de la physique quantique, c'est entre Einstein et Bohr qu'elle va bientôt se jouer.

En 1927, les trois compères se retrouvent à Bruxelles, au cinquième congrès Solvay. Ainsi que l'avait prévu Ehrenfest, Einstein et Bohr s'affrontent, en toute amitié, à propos du concept de réalité physique. Dès le premier jour du colloque, Ehrenfest pressent que les arguments qu'ils échangent demeureront dans l'Histoire. Il assiste à toutes leurs discussions et prend d'inoubliables photos des deux « monstres » en pleine méditation.

1. Lettre d'Einstein à Ehrenfest du 4 mai 1920.

Qu'est-ce qui les oppose au juste ? Einstein, qui a apporté plusieurs contributions décisives à la physique quantique, la considère comme une théorie ingénieuse, et il loue, tout à la fois et sans la moindre réserve, son efficacité opératoire et sa portée pratique. Mais, selon lui, une théorie physique ne doit pas être évaluée à l'aune de sa seule efficacité : elle doit également dépeindre les structures intimes du *réel*, tel qu'il existe indépendamment de nous. Le père de la relativité formule ainsi deux objections à la physique quantique.

Cette théorie stipule que, connaissant l'état initial d'un système physique, on ne peut généralement pas prédire avec certitude les résultats d'une mesure, mais seulement calculer les probabilités d'obtenir tel ou tel résultat. Or, aux yeux d'Einstein, une bonne théorie physique se doit d'éliminer le hasard, sinon de ses constructions, du moins de ses principes. Ensuite, Einstein tient au réalisme ordinaire des physiciens : la physique se doit de défendre l'idée d'un monde réel dont les plus infimes parcelles existent objectivement, au sens où existent les cailloux, les tables et les chaises, que nous les observions ou non. Ce réalisme semble laissé de côté par la physique quantique orthodoxe, qui intègre explicitement le contexte expérimental dans la définition des propriétés des objets microscopiques.

Bohr, quant à lui, répugne à considérer qu'il existe une réalité indépendante de l'appareil de mesure, car il lui semble impossible d'obtenir une séparation nette entre le comportement des particules et leur interaction avec les appareils qui déterminent leurs conditions d'existence. En conséquence, il convient de considérer qu'une propriété, la vitesse d'une particule, par exemple, n'est pas le propre de la particule, mais une propriété partagée entre la particule et l'instrument de mesure. Ainsi, une théorie physique peut prétendre décrire les phénomènes si et seulement si elle inclut dans leur définition le contexte expérimental qui rend ces phénomènes manifestes. Pour Bohr, on doit donc se garder de tout raisonnement sur la réalité (prétendument) objective des choses.

Pendant les exposés de Bohr, Einstein et Ehrenfest se font passer des petits mots : « Ne ris pas !!, écrit Paul à Albert. Au purgatoire il y a une classe spéciale réservée aux “professeurs de physique quantique” dans laquelle ils ont droit à dix heures par jour de cours de physique classique [1]. » Durant tout le congrès, leur connivence saute aux yeux : ils partagent la même conception de ce que doit être une *bonne* théorie physique. La thèse de Bohr, qui deviendra ce qu'on appelle depuis « l'interprétation de Copenhague de la physique quantique », leur paraît inacceptable.

Ce cinquième congrès Solvay marque un tournant. Dans l'interprétation de la physique et dans la vie de Paul Ehrenfest. À partir de ce moment-là, il se sentira de moins en moins capable d'enseigner les toutes dernières avancées de sa discipline. Elles deviennent si déroutantes pour lui qui veut une physique limpide ! Il est dépassé par les jeunes physiciens qui l'entourent, tels George Uhlenbeck et Samuel Goudsmit, si habiles à effectuer toutes sortes de calculs compliqués sans toujours en comprendre la signification, sans pouvoir dire clairement ce qu'ils traduisent précisément du monde réel. Ehrenfest commence à se sentir vieux. La physique ne lui semble plus déchiffrable. Comme si elle avait brusquement changé son fusil d'épaule.

1. Cet échange de mots, retrouvé dans les papiers d'Ehrenfest, est reproduit dans Albert Einstein, *Œuvres choisies*, vol. 1, *Quanta : mécanique statique et physique quantique, op. cit.*, p. 212.

Or Ehrenfest ne sait pas avancer dans le brouillard. Il le sait, il le peut d'autant moins que son état psychique s'aggrave. Il traverse des épisodes dépressifs de plus en plus durs, au cours desquels la figure de Boltzmann vient le hanter. Et, fait nouveau, il lui arrive de se disputer avec Tatiana. De loin, Einstein perçoit la lente dérive de son ami. En avril 1932, lors d'un voyage en Californie, il lui écrit : « Je dois te dire que franchement, en ce moment, je préférerais être en Hollande plutôt qu'en Amérique et je suis convaincu que tu te repentirais très vite d'un échange. Mis à part quelques intellectuels de grande valeur, la société ici est morne et insipide ; tu t'y sentirais rapidement glacé... L'atmosphère humaine de la Hollande est à mon sens d'un agrément unique en son genre. Libère-toi du sentiment d'anéantissement qui t'accable et tu seras heureux pour le reste de tes jours en Hollande, même s'il y manque le soleil de Californie [1]. »

Mais au mois d'août 1932, Ehrenfest perd littéralement pied. Lors d'une crise d'angoisse plus profonde que les autres, il projette de tuer Wassik, son fils mongolien, pour soulager sa famille, puis de se suicider. Le 14 août, il écrit une lettre à ses « chers amis », Einstein, Bohr et cinq autres proches, dans laquelle il explique que sa vie est devenue « un fardeau insupportable », qu'il a « de plus en plus de mal à comprendre la nouvelle tournure que prend la physique » et qu'il n'a « pas d'autre possibilité pratique que le suicide » [2].

1. Lettre d'Albert Einstein à Paul Ehrenfest, datée du 3 avril 1932. *Album Einstein*, *op. cit.*, p. 40.

2. Lettre de Paul Ehrenfest datée du 14 août 1932, adressée à N. Bohr, A. Einstein, J. Franck, G. Herglotz, A. Joffe, P. Kohnstamm et R. Tolman, Archives Niels Bohr, Copenhague.

Le 2 septembre, au moyen d'une arme à feu, Ehrenfest tue Wassik puis met fin à ses jours. Quelques mois avant l'arrivée des nazis au pouvoir en Allemagne.

Jusqu'à la fin, pourtant, bien qu'accablé par la mélancolie, il a continué de s'intéresser à la physique. Dans l'urgence, il a peaufiné le théorème qui porte son nom et mis de l'ordre (c'est le mot) dans la description des transitions de phase, ces phénomènes, telles la fusion de la glace ou l'évaporation de l'eau, par lesquels certaines grandeurs subissent une variation brutale : il a proposé de les classer en deux catégories, celle du « premier ordre » et celle du « deuxième ordre », distinction qui demeure [1].

Paul Ehrenfest, ou l'inextinguible mais terrible exigence de faire de la physique une chambre claire, même aux heures les plus noires.

1. Cette distinction est relativement subtile. Ehrenfest a proposé d'appeler « transitions du premier ordre » les transitions s'accompagnant de discontinuités dans les grandeurs physiques, comme l'entropie, qui sont reliées à des dérivées premières de l'énergie libre, et « transitions du second ordre » les transitions s'accompagnant de discontinuités dans les grandeurs physiques, comme la chaleur spécifique, qui sont reliées à des dérivées secondes de l'énergie libre, les dérivées premières étant continues.

VII

ERWIN SCHRÖDINGER, L'HOMME DES SUPERPOSITIONS

Car le désirable est moteur et, si la pensée est à son tour motrice, c'est parce qu'elle trouve le principe de son mouvement dans le désirable.

Aristote

Il considérait la femme comme un objet d'art, délicieux et propre à exciter l'esprit.

Charles Baudelaire

On imagine souvent que le physicien théoricien éprouve, sinon une méfiance, du moins une certaine réserve à l'égard du sexe opposé. Cela se comprend aisément. Il s'agit pour lui de se préserver. Les femmes ne pourraient-elles le détourner de ses réflexions, le déconcentrer, pis, lui faire perdre la tête ? Si les grands esprits veulent conserver un minimum d'efficacité intellectuelle, la prudence s'impose à eux dans les affaires de cœur. Voilà pourquoi, mesdames et mesdemoiselles, en vertu d'une certaine sagesse, le théoricien en viendrait à préférer les idées aux tête-à-tête, les équations aux élans, les concepts aux voluptés charnelles.

Mais à y regarder de plus près, cette règle n'en est pas une, tant elle souffre d'exceptions. La plus belle s'appelle Erwin Schrödinger. Celui qui compte parmi les plus grands physiciens théoriciens du XXe siècle, prix Nobel en 1933, a tenu sa vie durant un journal, *Les Éphémérides*, dans lequel il n'était nullement question d'équations, d'atomes, ou d'électrons, mais plutôt de femmes, de sentiments, mieux, de la « transcendance » à laquelle ouvre la rencontre amoureuse. Schrödinger y notait scrupuleusement les prénoms de ses conquêtes, tentait quelques vers, consignait le dénouement de chaque aventure, puis analysait minutieusement ce qu'il venait de saisir de l'essence de la féminité.

Avec ses lunettes rondes, ses yeux gris bleu, son mètre soixante-sept et ses costumes tyroliens, Schrödinger n'était pas exactement un séducteur, plutôt un homme au tempérament romantique et sensuel avec un goût prononcé pour les Lolitas. Erwin Schrödinger avait un petit côté Lord Byron : même idéalisation du beau sexe, même attirance pour la jeunesse et les civilisations antiques, la pédérastie et le combat politique en moins. Ce qui l'intéressait au premier chef, lui qui n'eut quasiment pas de camarades mâles, c'était d'éprouver le sentiment amoureux, de vivre une passion sinon continue, du moins sans cesse renouvelée. Les étreintes où s'abandonner devenaient autant d'occasions d'écrire des poèmes, d'explorer son âme. Son esprit n'était vraiment créatif qu'à la double condition que son corps exulte et que son âme s'enfièvre. Il s'agissait pour lui de s'extraire de la médiocrité ordinaire, d'obliger régulièrement l'existence à tendre vers l'extrême, le sublime, de vivre ainsi des échappées hors des contraintes de l'espace-temps : « Aimez une fille de tout votre cœur, écrivit-il un jour, et embrassez-la sur la bouche : alors le temps s'arrêtera, et l'espace cessera d'exister[1]. » Schrödinger sera le physicien d'une équation et l'homme de plusieurs femmes.

Mais nul homme ne commence sa vie hors du temps ou de l'espace, aussi enclin soit-il à n'y voir que deux a priori de la sensibilité. Erwin Schrödinger naît temporellement le 12 août 1887 et spatialement à Vienne. C'est alors une ville « très gaillarde et sans contrainte[2] », riche en monuments somptueux, où l'on cultive la musique et l'art de vivre : peintres, musiciens, sculpteurs, philosophes savants, acteurs, architectes y travaillent, se rencontrent, discutent. Cette décennie voit naître, sur une rive du Danube ou l'autre, Ludwig Wittgenstein, Stefan Zweig, Max Oppenheimer, Alban Berg, Anton Webern, Fritz Lang, Erich von Stroheim,… Erwin, lui, est le fils de Rudolf Schrödinger, un homme d'affaires très ouvert, et de Georgine Bauer, fille d'un professeur de chimie, qui joue du violon et lit Goethe avec passion. Le nourrisson est baptisé l'année de sa naissance selon le rite luthérien pratiqué par sa mère. Son père, un catholique très peu convaincu, lui transmettra une certaine méfiance vis-à-vis des dogmes et de tout formalisme religieux. C'est un homme cultivé, curieux, passionné de peinture italienne et de botanique. Il possède une immense bibliothèque, où s'alignent ouvrages de chimie, de philosophie et d'art. Son fils y aura libre accès dès qu'il saura lire.

1. Erwin Schrödinger, *Carnet de 1919*, « À propos de philosophie kantienne », cité par J. Mehra et H. Rechenberg, *The Historical Development of Quantum Theory*, vol. 5, *op. cit.*, p. 409.

2. C'est ainsi que Schrödinger qualifia sa ville natale dans son autobiographie publiée à la suite de son prix Nobel : *les Prix Nobel en 1933*. Elle fut réimprimée dans l'édition de l'Académie autrichienne de ses articles, en 1984.

Erwin est fils unique et choyé comme tel. Jusqu'à l'âge de onze ans, sa scolarité se déroule au domicile de ses parents. Un instituteur lui rend visite deux fois par semaine. Mais, en réalité, son principal éducateur est son père, qui lui donne des cours particuliers sous forme de longues conversations. Une tante commence de lui apprendre l'anglais dès l'âge de cinq ans, avant même qu'il sache parler convenablement allemand. Et la connaissance de cette langue, qu'il perfectionne par des séjours en Angleterre, jouera un rôle déterminant dans le choix de ses exils – Oxford de 1933 à 1936, Dublin de 1939 à 1956 –, mais aussi dans la qualité littéraire de ses ouvrages philosophiques. *L'Esprit et la Matière* ou *Qu'est-ce que la vie ?* seront d'ailleurs directement rédigés en anglais. Notre homme est bilingue au point qu'il peut s'exprimer en allemand tout en pensant en anglais, et vice versa.

Dès 1898, il est élève au prestigieux Gymnasium académique de Vienne, où ont étudié Arthur Schnitzler, Stefan Zweig et Ludwig Boltzmann. Brillant dans toutes les disciplines, il manifeste une préférence pour les mathématiques, la physique, les langues anciennes et la littérature. Goethe et Schiller sont ses auteurs préférés. Chaque année, il termine premier de la classe, loin, très loin devant les autres. Durant sa dernière année de lycée, il étudie de près les grands penseurs de l'Antiquité, auxquels il consacre deux cahiers, l'un sur la philosophie grecque, de Thalès de Milet à Platon, l'autre sur les philosophies de l'Inde. Les discussions qu'il a avec son père lui permettent par ailleurs de s'initier au darwinisme, dont la non-conformité au dogme religieux interdit qu'il soit enseigné au Gymnasium. Tout jeune homme, Schrödinger devient ainsi un penseur ouvert, « généraliste ». Mais sa première vocation n'est certainement pas sans rapport avec son goût pour la littérature allemande : l'adolescent adresse des sonnets aux jeunes filles dont il s'éprend. Son premier amour, la sœur d'un camarade de classe, s'appelle Lotte. Elle est d'origine italienne et il la trouve belle « comme un modèle du Caravage ».

Schrödinger entre à l'université de Vienne en 1907. Il y suit avec ferveur les cours de physique théorique de Fritz Hasenöhrl, qui a repris l'enseignement du grand maître Ludwig Boltzmann, à la suite de son suicide en septembre 1906. Bien qu'indirecte, l'influence du père de l'interprétation statistique de la thermodynamique [1] déterminera en grande partie les conceptions épistémologiques de Schrödinger. Plus tard, il adoptera le raisonnement statistique, propre à Boltzmann, comme paradigme de la théorie physique, et il cherchera toujours à s'appuyer sur des modèles mécaniques clairs et rigoureux, qu'on puisse représenter dans l'espace et dans le temps. À ses yeux, seuls les émois d'un baiser échappent à cette exigence de « picturabilité » des choses.

Schrödinger est également influencé par Ernst Mach, comme beaucoup d'autres physiciens, Wolfgang Pauli ou Albert Einstein en tête : « Je naquis et fus élevé à Vienne alors que l'enseignement et la personnalité de Ernst Mach dominaient encore l'atmosphère. Je m'étais consacré à ses ouvrages, que j'avais pratiquement tous lus [2]. » Il dévore notamment *L'Analyse des sensations*, livre dans lequel

1. Rappelons que Boltzmann avait démontré qu'on peut retrouver les principes de la thermodynamique à partir des propriétés microscopiques des constituants de la matière, en utilisant des méthodes statistiques basées sur les probabilités. Voir le chapitre consacré à Wolfgang Pauli, p. 153.

2. Cité par J. Mehra et H. Rechenberg, *The Historical Development of Quantum Theory*, vol. 5, *op. cit.*, p. 108.

Mach prône que les sensations, d'ordre physique ou mental, constituent la base de toute expérience : un caillou, une pomme n'ont de réalité qu'à travers les différentes perceptions que nous en avons ; ils ne sont en somme que des « groupes de sensations » se déployant dans l'espace et le temps. En vertu de cette correspondance, de cette « réduction » des objets aux sensations qu'ils suscitent, Mach considère que la physique et la physiologie devraient être mises sur un même plan.

Au début du XXe siècle, la tendance à cloisonner les disciplines universitaires et à contraindre les étudiants à des choix mutilants pour l'esprit n'a pas encore produit ses ravages. L'intérêt de Schrödinger pour le questionnement philosophique peut donc s'exprimer à l'intérieur même de son cursus universitaire. Inscrit en physique, il assiste régulièrement aux cours sur Spinoza et sur les atomistes, notamment Démocrite, Épicure, Lucrèce, qui furent les premiers à défendre l'idée d'une « vérité du minuscule », d'une « métaphysique de la poussière » [1], pour reprendre les mots de Bachelard. Les deux leçons qu'il retient portent sur l'étonnement, source de toute démarche philosophique, et sur la mise à distance de la mort dans l'épicurisme. Habitué à considérer que « la mort n'est rien pour nous », l'épicurien s'immunise contre le malheur éventuel. Les conditions qu'il assigne au plaisir sont d'ailleurs fort simples : comprendre que la mort n'est pas à craindre ; fuir la brigue et l'agitation politique ; éviter, enfin, les feux de l'amour, qui aveuglent. Sur ce dernier point, il semble que Schrödinger n'ait pas voulu retenir la leçon. Il sera épicurien, aux femmes près.

1. Gaston Bachelard, *Les Intuitions atomistiques*, Paris, Boivin, 1933, p. 17.

En 1908, il vit d'ailleurs sa première histoire d'amour « sérieuse », tout en continuant de fréquenter Lotte. Sa nouvelle conquête s'appelle Ella Kolbe. Histoire intense et brève, qui révèle à Schrödinger que son cœur, comme son esprit, est capable de se mettre en état de superposition : il peut aimer plusieurs femmes à la fois, sans se sentir partagé, divisé.

Il en est de même dans ses études. Il aime la physique *et* la philosophie, et refuse de choisir l'une au détriment de l'autre. Il les considère même comme deux activités inséparables. Ainsi, en 1910, il soutient son doctorat de physique sur « la conduction de l'électricité à la surface d'un isolateur en air humide » et trouve le temps de rédiger un nouveau cahier, sur la philosophie des empiristes anglais cette fois. Le même refus, toujours, de renoncer.

L'université de Vienne le recrute ensuite, en 1911, comme assistant de physique expérimentale. Il se révèle un expérimentateur honorable, capable de surmonter les difficultés qu'il y a à effectuer des mesures fiables et précises, mais sent vite qu'il n'est pas fait pour la physique expérimentale. Les études qu'il mène sur la teneur en radium de l'atmosphère auront toutefois une conséquence intéressante. Elles le conduiront deux ans plus tard à Seeham, petite station voisine de Salzbourg, où il doit réaliser des mesures de radioactivité. Là, il fait la connaissance d'une jeune fille alors habillée en costume traditionnel, Anne-Marie Bertel ; elle a dix-sept ans et, en dépit de son allure à première vue paysanne, elle est la fille du photographe de la cour.

Six ans plus tard, il offrira à celle qui est alors devenue une femme et s'apprête à l'épouser un tiré à part de l'article rendant compte des résultats de ses recherches à Seeham, avec la mention : « Il doit y avoir eu plusieurs autres choses que du radium dans l'atmosphère de Seeham, bien que mon électromètre n'en ait pas détecté la trace [1]. » Clin d'œil adressé à Anne-Marie Bertel pour lui exprimer sa conviction : l'irréductibilité de la vie à la seule raison ; l'incomplétude de toute appréhension scientifique du monde. Par construction, la science est incapable de saisir tous les tours de main, tous les stratagèmes de la vie. Par la suite, le même sentiment resurgira sous une forme plus tendue, davantage théorisée, qui amènera fréquemment le futur créateur de la mécanique ondulatoire à envisager sa reconversion dans le domaine de la philosophie. Il est en effet persuadé que la physique ne peut mener à des conclusions métaphysiques, mais que, en revanche, la philosophie peut orienter la physique, lui servir de guide, et même de fondement. Seule, la physique est incapable de se tenir sur ses jambes. Elle a besoin d'une métaphysique qui la soutienne.

En attendant, il n'a que vingt-quatre ans et c'est d'amour, ou plutôt d'amours, dont Schrödinger a besoin. En 1911, il tombe follement amoureux d'une nymphette de seize ans, Felicie Krauss, qu'il connaît depuis son plus jeune âge, puisque leurs parents sont amis. Il l'aime, Felicie aussi, mais la famille de la demoiselle appartient à la noblesse, pas celle d'Erwin. Or, dans la Vienne impériale, une jeune aristocrate se doit d'épouser un Monsieur *von*... Après un an de liens passionnels, Felicie cède à l'injonction répétée de ses parents et rompt, le cœur en morceaux, avant d'épouser un baron autrichien. Erwin semble inguérissable. Ce

1. Cité par J. Mehra et H. Rechenberg, *The Historical Development of Quantum Theory*, vol. 5, *op. cit.*, p. 223.

chagrin prolongé déterminera sa philosophie du couple : puisque des raisons d'ordre social l'empêchent d'aimer officiellement celle qu'il a choisi d'aimer, il méprisera le mariage bourgeois et sa vie amoureuse excédera les cadres imposés.

Un psychanalyste verrait peut-être dans cet épisode l'origine de la réticence que Schrödinger éprouvera toute sa vie pour la particule en général, de nature nobiliaire ou physique… Dans les années 1920, alors que les physiciens auront à traiter les aspects à la fois corpusculaires et ondulatoires des objets quantiques, Schrödinger défendra âprement l'idée que le concept de particule n'est plus opératoire en physique microscopique : un objet physique de toute petite dimension n'est pas tel un grain de sable dont on aurait réduit la taille à zéro. Il suggérera, en conséquence, qu'on fasse l'économie du concept de particule, dérivé de la physique classique, puisque son utilisation persistante mène à des conséquences inacceptables du point de vue de la logique.

Lorsque la Première Guerre mondiale éclate, Erwin est envoyé sur les fronts du sud-ouest de l'Empire austro-hongrois, en tant qu'officier d'artillerie. Il y a, contre toute attente, si peu d'agitation alentour qu'il se sent tout d'abord désœuvré. Il tente alors de s'occuper à sa façon, en publiant quelques articles sur l'agitation perpétuelle des grains de poussière due au mouvement des molécules de l'air, appelé mouvement brownien, et il a même tout loisir de rédiger un cahier sur la question du temps en philosophie.

Mais quand l'Italie déclare la guerre à l'Empire austro-hongrois, à la suite de la signature du pacte de Londres, en 1915, Schrödinger est envoyé sur le front tyrolien, où son régiment parvient à repousser plusieurs offensives italiennes [1]. Il fait preuve de sang-froid et d'un grand courage qui seront salués par la hiérarchie militaire. Une permission sera l'occasion d'une nouvelle rencontre, Irène Drexler, jeune femme dont il s'éprend mais qui ne parvient pourtant pas à effacer l'image de son premier amour : « J'ai encore rêvé de Lotte toute la nuit. Je n'arrive pas à me libérer d'elle, même si je sais qu'elle ne le mérite pas. C'est comme si j'étais prisonnier de la magie de cette soirée où, pour la première fois, j'ai pris sa main dans la mienne », écrit-il dans son journal à la date du 21 août. Amours passées et présentes se mélangent, se superposent, se parlent.

Il est toujours sur le front lorsqu'il apprend qu'Einstein vient d'achever sa théorie de la relativité générale. Il se procure l'article et étudie minutieusement ce lien qui apparaît tout à coup entre le temps et la matière, et qui le fascine.

Mais c'est le temps qu'il fait, et non le temps qui passe, qui va l'accaparer : en 1917, démobilisé, il retourne à Vienne pour enseigner la météorologie aux officiers. Parallèlement, son activité philosophique s'intensifie : sept cahiers datés de 1918 portent sur les métaphysiques de l'Inde. Schrödinger y détaille notamment les notions de *nirvana* et de *karma*. À cette occasion, il découvre Schopenhauer, et c'est une révélation. « Il est le plus grand savant de l'Occident [2] », confiera-t-il, enthousiaste. Grâce au philosophe allemand, il approfondit la philosophie indienne, les *Upanishads* et leur théorie de l'identité. Bien plus tard, il soutiendra lui aussi l'idée d'un monisme, d'une unité de la conscience universelle aussi bien que des savoirs.

1. Ces batailles ont été racontées par Ernest Hemingway dans *L'Adieu aux armes*, publié en 1929.

2. Cité par J. Mehra et H. Rechenberg, *The Historical Development of Quantum Theory*, vol. 5, *op. cit.*, p. 408.

Lorsque les disciplines scientifiques se multiplieront en se spécialisant, il continuera de soutenir le projet d'unifier le champ de la connaissance : « Nous sentons nettement que ce n'est que depuis peu que nous commençons à avoir des données sûres pour fondre en un seul bloc la somme totale de tout ce qui est connu ; mais d'un autre côté, il est devenu quasi impossible de maîtriser plus qu'une petite partie spécialisée de tout. Sous peine de voir notre vrai but se perdre à jamais, je ne vois pas d'autre échappatoire à ce dilemme que d'admettre que certains d'entre nous se hasardent à un essai de synthèse des données expérimentales et des théories, fût-ce avec des connaissances incomplètes et de seconde main pour certaines d'entre elles – et au risque de se rendre ridicules [1]. » Les connaissances doivent être pensées ensemble, rassemblées en synthèses, en un savoir unifié.

Au lendemain de la Première Guerre mondiale, Schrödinger n'envisage même plus de poursuivre des recherches en physique. Lorsqu'en 1918, on lui propose une chaire de physique théorique à l'université de Czernowitz, en Ukraine, il accepte, pensant pouvoir mener de front l'enseignement et ses études philosophiques. Mais le démantèlement de l'Empire austro-hongrois l'empêche de réaliser ce projet. Il demeure à Vienne, assistant en physique à l'université. C'est à ce moment-là qu'il retrouve Anne-Marie Bertel, dont il tombe amoureux, et qu'il épousera le 6 mai 1920.

Elle a vingt-deux ans, lui trente-deux. Ils forment un couple étrange, une sorte d'association pacifique des con-

1. C'est ainsi qu'il justifie, en 1944, son intérêt pour la biologie (Erwin Schrödinger, *Qu'est-ce que la vie ?*, Paris, Christian Bourgois, 1986, p. 112).

traires. Elle est vive, gaie, admire tout d'Erwin, son intelligence, sa personnalité, mais ne manifeste aucun intérêt pour les affaires de l'intellect. Elle cuisine les plats qu'il préfère, choisit les vins qu'il aime et le dorlote lorsqu'il est malade. Elle joue du piano, mais, manque de chance, ce n'est pas du goût de son mari qui refusera qu'il y en ait un dans leur maison. Schrödinger fait figure d'exception : à la différence des autres pères fondateurs de la physique quantique, il n'est ni musicien ni mélomane ; la grande musique l'exaspère même, il n'est sensible qu'aux chansons d'amour.

Dans les mois qui suivent les noces, Erwin se délocalise tel un électron, au gré des propositions qui lui sont faites. Il part enseigner en Allemagne, à Stuttgart, puis Iéna, enfin Breslau. En 1921, il se voit offrir la chaire de physique de l'École polytechnique fédérale de Zurich [1], précédemment occupée par Einstein. Là, il se consacre principalement à la physique statistique, à la théorie atomique et à la physiologie de la perception des couleurs. Il publie quelques articles – aucun de grande envergure. On peut même soutenir que si Schrödinger était mort en 1924, à trente-sept ans, son œuvre scientifique n'aurait mérité qu'une note en bas de page dans l'histoire de la physique moderne. Mais prudence : certaines fulgurances sont à retardement.

En cette année 1924 justement, le couple Schrödinger va mal. Erwin veut un enfant, il veut revivre cette relation très forte qu'il a connue avec son père, en changeant de rôle cette fois. Mais Anne-Marie s'y refuse toujours, après quatre ans de mariage. Qui plus est, elle entretient une liaison avec Hermann Weyl, son ami mathématicien. Ses propres aventures extraconjugales ne sont d'aucun secours

1. Voir note 1, p. 168.

à Erwin pour l'aider à supporter la situation, et le couple parle de divorce. Finalement, Erwin profite de ce flottement conjugal pour se donner libre cours… Il vivra des amours sans cesse renouvelés, de ceux qui fabriquent des souvenirs et font pleuvoir les poèmes. Ces liaisons, connues d'Anne-Marie, n'empêcheront pas la vie commune de se maintenir et même une certaine complicité de s'épanouir : « Il est plus facile de vivre avec un canari qu'avec un cheval de course. Mais je préfère les chevaux de course [1] », confiera Anne-Marie à un ami. Les trois filles que des maîtresses successives donneront à Erwin, en 1934, 1945 et 1946, seront même considérées par Anne-Marie comme ses enfants adoptifs.

En 1925, Schrödinger a trente-huit ans et il est las, las de son existence ; il a trop peu fait, du moins rien accompli. Il part se reposer durant l'été à la montagne et profite du calme des Alpes pour rassembler ses notes philosophiques en un essai, *La Quête du chemin* [2]. En dix chapitres, il y évoque son parcours personnel, la métaphysique et son lien avec la science, mais aussi le déclin de la civilisation occidentale ou l'unité de la conscience telle que la formulent les *Vedantas*. La philosophie indienne lui permet de penser (dans) l'entre-deux, de dépasser le principe du tiers exclu aristotélicien : un élément de discours, qui peut être A *ou* non A, peut aussi être *à la fois* A et non A. Les contraires peuvent alors s'unir sans se détruire. Une telle ouverture ravit Schrödinger, esprit ambivalent, oscillant, mais vaste et cherchant à conjuguer les opposés. On le sent cependant, dans certaines pages, tiraillé entre une inclina-

1. Cité par Walter Moore dans *A Life of Erwin Schrödinger*, Cambridge University Press, 1994, p. 97.

2. Reproduit dans *Ma conception du monde*, Paris, Mercure de France-Le Mail, 1982.

tion à la foi religieuse et la gêne qu'il éprouve aussitôt à l'idée de trahir ses exigences intellectuelles. En lui, la spiritualité et la rationalité cohabitent, discutent sans cesse. Comme l'anglais et l'allemand, comme le souvenir de Lotte et l'image de sa maîtresse du moment.

De retour à Zurich, Schrödinger retrouve sa flamme de chercheur. Il passe l'automne à étudier une thèse de physique qui fait grand bruit, celle qu'un jeune français, Louis de Broglie, a soutenue le 25 novembre 1924 à Paris : de Broglie établit que les électrons, qui ont toujours été considérés comme des corpuscules, des petits grains de matière donc, peuvent aussi se comporter comme des ondes. Pour Schrödinger, c'est un choc. Il acquiert aussitôt la conviction que le monde physique est exclusivement constitué de phénomènes ondulatoires, qu'une particule n'est qu'une crête d'écumes sur un bain d'ondes, non un fragment individualisé de matière. Mais de quelle sorte sont les ondes associées à la matière ? Comment se comportent-elles ? Ces questions agitent Schrödinger au point qu'il interrompt provisoirement ses réflexions philosophiques pour se consacrer à la physique. Sans pour autant délaisser les femmes, bien sûr. C'est d'ailleurs au terme d'« un épisode érotique fulgurant et tardif [1] » qu'il découvrira l'équation qui pilote le comportement des électrons au sein des atomes.

Pour comprendre la substance des travaux qu'il entreprend, il faut remonter à 1913, date à laquelle le Danois Niels Bohr propose un modèle de l'atome, qui tient en deux hypothèses audacieuses. La première consiste à dire que

1. Propos tenus par son ami Hermann Weyl, rapportés par Abraham Pais dans *Inward Bound : of Matter and Forces in the Physical World*, Oxford University Press, 1986, p. 172.

les orbites des électrons dans l'atome sont quantifiées (elles ne sont donc pas quelconques et seules certaines sont autorisées). À chacune de ces orbites particulières correspond une énergie bien déterminée qui la caractérise. La seconde hypothèse concerne le rayonnement émis par l'atome. Lorsqu'un électron tourne sur son orbite, il n'émet pas de lumière. Mais lorsqu'il passe d'une orbite à une autre, d'énergie moindre, l'électron émet une lumière qui emporte la différence d'énergie entre l'orbite de départ et l'orbite d'arrivée. Les orbites n'étant pas quelconques, leurs énergies respectives se répartissent sur une échelle irrégulière, de sorte que le rayonnement émis par un atome n'est pas continu en énergie. Son spectre est constitué de raies particulières : on dit qu'il est « discret ».

Le modèle de Bohr remporte immédiatement un vaste succès, notamment parce qu'il rend compte de la structure en raies du spectre de lumière émis par les atomes. Mais il manque de cohérence. Car, contrairement à ce qu'il affirme, les électrons n'ont pas de trajectoire bien définie au sein de l'atome. On ne saurait donc leur assigner une orbite au sens propre du terme. Ils semblent plutôt délocalisés dans l'espace. Peu à peu, au cours des années 1920, les physiciens n'ont conservé du modèle de Bohr qu'une idée : les électrons d'un atome ne peuvent se trouver que dans certains états particuliers ; ces états sont caractérisés par leur énergie, non par une trajectoire au sens classique du terme.

C'est du moins ce que pense Werner Heisenberg, qui s'intéresse à ce que les atomes font, plutôt qu'à ce qu'ils sont, notamment lorsqu'ils émettent de la lumière. Au printemps de l'année 1925, il parvient à décrire, sous forme de tableaux de nombres, les transitions des électrons entre les différents états d'énergie. Il montre que ces tableaux de nombres, ces « matrices », sont mieux adaptés que les nombres ordinaires à la description des phénomènes atomiques [1]. Et il parle de « saut quantique » pour désigner le passage d'un électron d'un niveau d'énergie à un autre, avec émission d'un photon emportant la différence d'énergie. Mais il est impossible pour Heisenberg de se représenter un tel saut dans l'espace et dans le temps. Il s'agit donc d'un événement non visualisable, ce qui ne plaît pas du tout à Schrödinger.

Comment construire une représentation spatio-temporelle de l'atome ? Les ondes de matière envisagées par de Broglie étaient des ondes progressives. S'agissant des électrons dans un atome, Schrödinger veut les décrire par des ondes stationnaires capables de correspondre aux différentes orbites de Bohr. Il se représente les électrons autour du noyau de l'atome comme des cordes vibrantes dont les deux extrémités se rejoignent, l'atome devenant ainsi une sorte de violon sphérique et le mode de vibration de ces cordes une indication de l'énergie. Dans cette représentation, il n'est plus besoin de saut quantique, car la transition entre un niveau d'énergie et un autre se fait de façon continue : la corde se déplace simplement d'une orbite à une autre, en modifiant continûment son mode de vibration. Il n'y a donc pas de « rupture » proprement dite.

Au mois de décembre 1925, Schrödinger renoue avec l'une de ses anciennes maîtresses [2]. Juste avant Noël, ils partent pour Arosa, une station de ski dans les Grisons, où ils demeurent jusqu'au 9 janvier 1926. Difficile de dire à

1. Werner Heisenberg, *Zeitschrift für Physik*, 33, 1925, p. 879-893.

2. Les pages du journal de Schrödinger correspondant à cette période ont disparu.

quoi les deux amants passent leurs jours et leurs nuits, mais nul doute que les esprits et les corps sont entrés en résonance. Le 27 décembre, Schrödinger écrit à l'un de ses amis, Willy Wien : « En ce moment, je me bats avec une nouvelle théorie de l'atome. Dommage que je ne connaisse pas davantage de mathématiques ! Mais je suis plutôt optimiste : si je viens à bout de cette théorie, elle sera *très* belle [1]. »

Dans le chalet qu'il a loué, Schrödinger invente une équation censée décrire les ondes associées aux électrons et parvient à la résoudre pour l'atome le plus simple de la nature, l'atome d'hydrogène. Un seul électron, cela facilite les calculs. Et il retrouve exactement les niveaux d'énergie du modèle de Bohr ! Son équation semble donc la bonne : elle permet de comprendre l'efficacité du modèle du physicien danois au sein d'un cadre formel, dûment mathématisé.

Quelques jours après son retour à Zurich, le physicien envoie à la revue *Annalen der Physik* un article, « L'équation non relativiste des ondes de De Broglie » [2], qui contient l'équation… de Schrödinger ! L'homme omet d'y remercier sa mystérieuse maîtresse pour leurs échanges fructueux. On sait juste que la dame vivait à Vienne, mais elle n'a jamais été identifiée.

Après cet article, Schrödinger continue de faire preuve d'une créativité scientifique extraordinaire, qui va durer près de douze mois et n'est pas sans rappeler 1905, l'année miraculeuse d'Einstein. Même rapidité, même prolifération, même fulgurance. Il rédige d'autres articles, dans les-

1. Cité par Walter Moore dans *A Life of Erwin Schrödinger*, Cambridge University Press, 1994, p. 141.

2. Erwin Schrödinger, *Annalen der Physik*, 79, 1926, p. 361-376.

quels il précise certains aspects mathématiques de son équation.

L'accueil réservé à cette nouvelle « mécanique ondulatoire » est enthousiaste. De nombreux physiciens, Einstein et de Broglie en tête, éprouvent un vif soulagement à l'idée d'abandonner la mécanique des matrices de Heisenberg, mathématiquement et conceptuellement si ardue. Heisenberg, lui, n'apprécie guère cette théorie concurrente, qui représente à ses yeux une régression épistémologique. Durant les premiers mois de 1926, Heisenberg et Schrödinger échangent et affûtent leurs arguments, tentent de prouver la supériorité d'une théorie sur l'autre, jusqu'à ce que Schrödinger, aidé de Dirac, démontrent leur parfaite équivalence mathématique [1] ! La mécanique des matrices et la mécanique ondulatoire font appel à des formalismes différents mais conduisent aux mêmes prédictions pour les résultats des expériences. Elles constituent donc deux formulations différentes de la même théorie physique. La rivalité entre les deux physiciens, devenue sans objet pour la théorie elle-même, rejaillit sous la forme d'un désaccord profond à propos de son interprétation : Bohr et Heisenberg défendent l'idée que les objets microscopiques n'ont pas une existence indépendante du sujet qui les observe, ce que Schrödinger ne peut admettre.

Les trois hommes se rencontrent en septembre 1926, dans la maison de Niels Bohr à Copenhague, pour confronter leurs points de vue. Leurs discussions sont passionnées, houleuses, si intenses même que Schrödinger en tombe malade. Il est contraint de s'aliter. Madame Bohr lui apporte du thé et des biscuits, tandis que son mari, assis sur le bord du lit, continue de harceler son hôte : « Mais Schrödinger,

1. Erwin Schrödinger, *Annalen der Physik*, 79, 1926, p. 734-756.

écoutez-moi, vous devez comprendre… » Erwin ne cède pas. Parce que le saut quantique n'est pas susceptible d'une description continue dans l'espace-temps, il ne peut en accepter l'idée : « Si ces damnés sauts quantiques devaient subsister, je regretterais de m'être jamais occupé de mécanique quantique [1] », finit-il par lâcher, à bout de forces. Bohr lui réplique qu'il n'y a aucune raison de penser qu'une représentation spatio-temporelle puisse continuer d'avoir cours au niveau microscopique : ces phénomènes sont tellement éloignés du monde qui nous est familier qu'on ne peut prétendre les décrire selon les schémas habituels.

Le débat ne va cesser de s'intensifier et culminera lors de la discussion entre Einstein et Bohr au congrès Solvay de 1927. Dans son livre *Les Principes de la mécanique quantique* [2], Paul Dirac explique que l'originalité radicale de la physique quantique par rapport à la physique classique réside dans la généralisation du principe de superposition : le formalisme quantique décrit les états physiques des systèmes par des fonctions –, aussi appelées « vecteurs d'état », susceptibles de s'ajouter les unes aux autres ; la somme de deux états possibles du système est encore un état possible du système. Considérons par exemple un électron susceptible d'être à cet endroit-ci *ou* à cet endroit-là. La physique quantique énonce que cet électron peut « cumuler » les deux possibilités et devenir la somme d'un électron qui est ici *et* là. L'électron semble être alors à deux endroits à la fois.

Ce principe de superposition a permis de décrire de façon élégante et synthétique de très nombreux phéno-

1. Phrase citée de mémoire par Werner Heisenberg dans *La Partie et le Tout*, Paris, Albin Michel, 1972, p. 110.

2. *Op. cit.* (note 2, p. 101).

mènes incompréhensibles en physique classique. Ainsi de la liaison chimique où un électron peut être localisé *à la fois* sur plusieurs atomes, comme « suspendu » entre plusieurs positions possibles. Il s'agit bien d'une nouvelle grammaire !

Mais ce principe ne devient-il pas très dérangeant, voire ridicule, si l'on s'amuse à l'appliquer à des objets « usuels », c'est-à-dire à des objets observables à notre échelle ? C'est ce que remarquent Schrödinger et Einstein, qui entretiennent depuis 1925 une correspondance régulière, au gré de leurs déplacements [1]. Durant l'été 1935, la correspondance entre les deux hommes s'intensifie. Ils ont de plus en plus de mal à accepter l'interprétation de Copenhague de la physique quantique et cherchent le moyen de la prendre en défaut. Le 8 août, Einstein écrit à Schrödinger : « Tu es la seule personne avec qui j'aime avoir des discussions. Presque tout le monde va, non pas des faits à la théorie, mais de la théorie aux faits. Les gens sont incapables de sortir du filet de concepts admis et ne savent qu'y frétiller de façon grotesque [2]. » Puis il décrit un système macroscopique qui serait dans un état superposé : « Supposons que le système soit un baril de poudre, qui, du fait des forces internes, peut s'enflammer, et que sa durée de vie moyenne soit de l'ordre d'une année. Initialement, la

1. De 1927 à 1933, Schrödinger succéda à Max Planck à la prestigieuse chaire de physique théorique de l'université de Berlin, qu'il quitta pour celle d'Oxford après l'avènement du nazisme. Einstein, lui, s'exila en Amérique.

2. Lettre citée par Françoise Balibar, « La correspondance entre Einstein et Schrödinger », *in* Michel Bitbol, Olivier Darrigol (dir.), *Erwin Schrödinger. Philosophy and the Birth of Quantum Mechanics,* Paris, Éditions Frontières, 1992, p. 311.

fonction ψ du système caractérise un état macroscopique assez bien défini. Mais ton équation se charge de faire en sorte qu'au bout d'un an cela ne soit pas le cas. La fonction ψ décrit alors plutôt une sorte de mélange contenant le système qui n'a pas encore explosé et le système qui a déjà explosé [1]. » Autrement dit, le vecteur d'état du baril de poudre, qui décrit l'état physique, s'écrit sous la forme d'une superposition des états *baril explosé* et *baril non encore explosé*. Or de tels états superposés ne s'observent jamais dans le monde macroscopique auquel appartiennent indéniablement les barils de poudre : soit ils ont déjà explosé, soit ils n'ont pas encore explosé.

Le 19 août, Schrödinger répond à Einstein en prenant, lui, l'exemple d'un malheureux chat, dit depuis « de Schrödinger » [2], qu'un dispositif diabolique place dans un état quantique superposé, comme le baril de poudre. Imaginons, explique Schrödinger (il s'agit d'une expérience de pensée, aux allures de canular), un appareil capable de détecter l'émission d'une particule qu'un atome radioactif émet lorsqu'il se désintègre ; imaginons une boîte et, à l'intérieur de cette boîte, plaçons un chat ; ajoutons à cela un dispositif conçu de telle sorte que, si l'émission de la particule issue de la désintégration a lieu, un marteau s'abatte sur une fiole contenant un gaz mortel et la casse, provoquant aussitôt la mort du chat. Ces différents appa-

1. *Ibid.*, p. 312.

2. Pour des raisons qu'il faudra tenter un jour d'éclaircir, c'est au chat qu'on a le plus souvent recours pour illustrer *charnellement* un paradoxe, et ce, même si la « chatitude » du chat ne joue en la matière aucun rôle. N'importe quel autre animal ferait aussi bien l'affaire : un paradoxe de la poule, de l'oie ou de la truie de Schrödinger aurait eu, du strict point de vue heuristique, exactement la même portée que celui du chat.

reils étant mis en place, refermons la boîte. Le vecteur d'état du système complet (boîte + chat + marteau + fiole) est la superposition de l'état *atome désintégré – marteau baissé – fiole cassée – chat mort* et de l'état *atome non désintégré – marteau levé – fiole intacte – chat vivant.* Le chat serait donc dans un état incertain, paradoxal, ni vivant ni mort, vivant et mort à la fois…

Schrödinger juge une telle situation impossible. Qu'elle soit possible pour la physique quantique prouve la faille de la théorie. Comment un chat pourrait-il être mort en même temps que vivant ? Plus généralement, comment un objet macroscopique pourrait-il se trouver dans un état superposé, ici en même temps que là, à la fois comme ci et comme ça ? Le père du chat ne croit pas une telle ambivalence possible. Un chat est soit exclusivement vivant, soit exclusivement mort.

Schrödinger met ainsi le doigt sur un problème qui va occuper les physiciens pendant des décennies : les équations de la physique quantique impliquent une présence universelle d'états superposés ; or nous ne voyons pas de telles superpositions au niveau macroscopique. Comment lever cette contradiction ? Y aurait-il deux univers ? L'un, microscopique, étranger à nos sens, mais essentiel à la compréhension de la nature, l'autre, macroscopique, dans lequel nous évoluons avec les objets qui nous entourent ? Ces questions n'ont commencé d'être résolues qu'il y a une dizaine d'années, grâce à la théorie dite « de la décohérence ». Elle explique comment, du fait de leur interaction avec l'environnement, les objets macroscopiques nous paraissent avoir un comportement conforme aux lois de la physique classique, alors que leurs constituants microscopiques, atomes et autres particules, ont un comportement quantique.

Cette théorie a enfin apporté une solution au paradoxe du chat de Schrödinger, sans doute las d'être ballotté depuis 1935 entre la vie et la mort : le chat constituant un système de taille macroscopique, il cesse très rapidement d'être dans un état superposé pour être vivant *ou* mort.

Curieusement, la théorie de la décohérence ne s'applique pas à Schrödinger lui-même : le penseur embrasse deux passions, la physique et la philosophie, l'amant aime plusieurs femmes à la fois, mais l'homme, ambivalent, qui ne cesse de vivre selon le principe de superposition, exècre l'idée de saut quantique autant que celle de rupture, et résiste à toutes les pressions de l'environnement, refuse de choisir.

Tout le paradoxe de Schrödinger est là : il a vécu dans un état aussi superposé que son chat, dont la situation lui semblait pourtant inconcevable, voire burlesque.

REMERCIEMENTS

L'auteur tient à exprimer sa très vive reconnaissance à Sylvie Fenczak pour ses conseils avisés et son aide si précieuse. Ce livre lui doit beaucoup.

BIBLIOGRAPHIE

OUVRAGES GÉNÉRAUX

FARMELO G. (dir.), *It Must be Beautiful. Great Equations of Modern Science*, New York, Granta Books, 2002.

GRATZER W., *Eurekas and Euphorias. The Oxford Book of Scientific Anecdotes*, New York, Oxford University Press, 2002.

HOFFMANN B. et PATY M., *L'Étrange Histoire des quantas*, Seuil, 1981.

HEISENBERG W., *Physique et philosophie*, Albin Michel, 1971.

LABERRIGUE-FROLOW J., *La Physique des particules élémentaires, de sa naissance à sa maturité. 1930-1960*, Masson, 1990.

LEITÉ LOPES J. et ESCOUBÈS B., *Sources et évolution de la physique quantique*, Masson, 1995.

LÉVY-LEBLOND J.-M. et BALIBAR F., *Quantique, rudiments*, Inter-Éditions, 1984.

MEHRA J. et RECHENBERG H., *The Historical Development of Quantum Theory*, New York, Springer Verlag, 1987, vol. 5, p. 408.

PAIS A., *Inward Bound : of Matter and Forces in the Physical World*, New York, Oxford University Press, 1986.

–, *The Genius of Science. A Portrait Gallery of Twentieth Century Physicists*, New York, Oxford University Press, 2000.

PATY M., *La Physique du XXe siècle*, EDP-Sciences, 2003.

SEGRÈ E., *Les Physiciens modernes et leurs découvertes*, Fayard, 1990.

WEISSKOPF V., *La Révolution des quanta*, Hachette, 1989.

GEORGE GAMOW

GAMOW G., *Monsieur Tompkins au pays des merveilles*, Dunod, 1999.

–, *My World Line : An Informal Autobiography*, New York, Viking Press, 1970.

–, *Trente années qui ébranlèrent la physique*, Éditions Jacques Gabay (rééd.), 2001.

LUMINET J.-P., *L'Invention du Big Bang*, Seuil, coll. « Points-Sciences », 2004.

ALBERT EINSTEIN

BALIBAR F., *Einstein, 1905 : de l'éther aux quanta*, PUF, coll. « Philosophie », 1992.

–, *Einstein. La joie de la pensée*, Gallimard, coll. « Découvertes », 1993.

BRIAN D., *Einstein, le génie de l'homme*, trad. fr. Bernard Seytre, Robert Laffont, 1997.

COLLECTIF, *Einstein aujourd'hui*, EDP-Sciences/CNRS Éditions, 2005.

EINSTEIN A., *Œuvres choisies*, Seuil/CNRS, sous la direction de Françoise Balibar, 6 vol., 1989-1991.

–, *Conceptions scientifiques*, Flammarion, 1989.

–, *L'Évolution des idées en physique*, Flammarion, 1993.

EISENSTAEDT J., *Avant Einstein. Relativité, lumière, gravitation*, Seuil, coll. « Science ouverte », 2005.

LACHIÈZE-REY M., *Au-delà de l'espace et du temps*, Le Pommier, 2003.

MARTIN C.-N., *Einstein*, Hachette Littérature, 1979.

MERLEAU-PONTY J., *Einstein*, Flammarion, 1997.

PAIS A., *Albert Einstein. La vie et l'œuvre*, InterÉditions, 1993.

PATY M., *Einstein philosophe*, PUF, 1993.

–, *Albert Einstein ou la Création scientifique du monde*, Les Belles Lettres, 1997.

PAUL DIRAC

KRAGH H., *Dirac : A Scientific Biography*, Cambridge University Press, 1991.

KURSUNOGLU B. et WIGNER E. (dir.), *Dirac's Way. Reminiscences about a Great Physicist : Paul Adrien Maurice Dirac*, New York, Cambridge University Press, 1987.

PAIS A., JACOB M., OLIVE D. I. et ATIYAH M. F., *Paul Dirac. The Man and his Work*, Cambridge University Press, 1998.

WEINER C., *History of Twentieth Century Physics*, New York, Academic Press, 1977.

ETTORE MAJORANA

BONELLS J., *La Deuxième Disparition de Majorana*, Liana Lévi, 2004.

MAJORANA E., *Notes on Theoretical Physics*, édition de Salvatore Esposito, Alwyn van der Merve et Erasmo Recami, Kluwer, 2004.

RECAMI E., *Il caso Majorana con l'epistolario, documenti e testimonianze*, Arnoldo Mondadori, 1987.

SCIASCIA L., *La Disparition de Majorana*, traduit de l'italien par Mario Fusco, Garnier-Flammarion, 1984.

SEGRÈ E., *Fermi*, University of Chicago Press, 1970.

WOLFGANG PAULI

BAIR D., *Jung, a Biography*, New York, Little, Brown and Company, 2003.

CRIBIER M., SPIRO M. et VIGNAUD D., *La Lumière des neutrinos*, Seuil, 1995.

ENZ C. P., *No Time to be Brief. A Scientific Biography of Wolfgang Pauli*, Oxford University Press, 2002.

PAULI W., *Physique moderne et philosophie*, trad. fr. Claude Maillard, Albin Michel, coll. « Sciences d'aujourd'hui », 1999.

–, *Le Cas Kepler*, Albin Michel, coll. « Sciences d'aujourd'hui », 2002.

–, et Jung C. G., *Correspondance 1932-1958*, trad. fr. Françoise Périgaut, Albin Michel, coll. « Sciences d'aujourd'hui », 2000.

WEISSKOPF, V. F., « Personal Memories of Pauli », *Physics Today*, décembre 1985.

–, *Physics in the Twentieth Century : Selected Essays*, Londres, The MIT Press, 1972.

PAUL EHRENFEST

KLEIN M., *Paul Ehrenfest. The Making of a Theoretical Physicist*, American Elsevier, 1970.

ERWIN SCHRÖDINGER

BITBOL M., *Schrödinger's Philosophy of Quantum Mechanics*, Boston Studies in the Philosophy of Science, vol. 188, Kluwer Academic Publishers, 1996.

BITBOL M. et DARRIGOL O. (dir.), *Erwin Schrödinger. Philosophie and the Birth of Quantum Mechanics,* Éditions Frontières, 1992.

MOORE W., *A Life of Erwin Schrödinger*, Cambridge University Press, 1994.

SCHRÖDINGER E., *L'Esprit et la Matière*, précédé de *L'Élision* par Michel Bitbol, Seuil, 1999.

–, *La Nature et les Grecs*, précédé de *La Clôture de la représentation* par Michel Bitbol, Seuil, 1992.

–, *Qu'est-ce que la vie ? L'aspect physique de la cellule vivante,* Christian Bourgois, 1986.

–, *Ma conception du monde : le Veda d'un physicien,* Mercure de France, 1982.